T0224965

Intelligente Technische Systeme – Lösungen aus dem Spitzencluster it's OWL

Reihe herausgegeben von

it's OWL Clustermanagement GmbH, Paderborn, Nordrhein-Westfalen, Deutschland

Die zunehmende Digitalisierung verändert nicht nur den Alltag, sondern auch die industrielle Fertigung, Geschäftsmodelle und die Anforderungen an die Mitarbeitenden. Um wettbewerbsfähig zu bleiben, müssen Unternehmen die Intelligenz in ihren Produkten und Produktionsverfahren erhöhen und neue Kundenzugänge erschließen. Im Spitzencluster it's OWL – Intelligente Technische Systeme OstWestfalenLippe haben sich seit 2012 über 200 Unternehmen, Forschungseinrichtungen, Hochschulen und Organisationen zusammengeschlossen, um diesen Wandel erfolgreich mitzugestalten. Ziel ist es, aus der digitalen Transformation als Gewinner hervorzugehen – Gestalter zu sein, statt Getriebener. it's OWL gilt dabei als Vorreiter für Industrie 4.0 im Mittelstand. Aktuelle Schwerpunktthemen sind Maschinelles Lernen, Big Data, digitaler Zwilling, digitale Plattformen und die Arbeitswelt der Zukunft. Das strategische Ziel ist der Aufbau einer Modellregion mit dem Schwerpunkt Nachhaltigkeit im Mittelstand.
www.its-owl.de

Increasing digitisation is changing not only everyday life, but also industrial manufacturing, business models and the demands placed on employees. In order to remain competitive, companies must increase the intelligence in their products and production processes and open up new customer access points. In the Leading-Edge Cluster it's OWL— Intelligent Technical Systems OstWestfalenLippe, more than 200 companies, research institutions, universities and organisations have joined forces since 2012 to successfully help shape this transformation. The goal is to emerge from the digital transformation as a winner—to shape instead of being driven by it. it's OWL is considered a pioneer for Industry 4.0 in medium-sized companies. Current key topics are machine learning, big data, digital twins, digital platforms and the working world of the future. The strategic goal is to establish a flagship region with a focus on sustainability in SMEs.
www.its-owl.com

Daniel Beverungen · Roman Dumitrescu ·
Arno Kühn · Christoph Plass
(Hrsg.)

Digitale Plattformen im industriellen Mittelstand

Strategien, Methoden,
Umsetzungsbeispiele

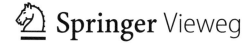

Hrsg.
Daniel Beverungen
Department Wirtschaftsinformatik
Universität Paderborn
Paderborn, Deutschland

Roman Dumitrescu
Heinz Nixdorf Institut
Universität Paderborn
Paderborn, Deutschland

Arno Kühn
Forschungsbereich Advanced Systems
Engineering, Fraunhofer Institut für
Entwurfstechnik Mechatronik IEM
Paderborn, Deutschland

Christoph Plass
UNITY AG
Büren, Deutschland

ISSN 2523-3637   ISSN 2523-3645   (electronic)
Intelligente Technische Systeme – Lösungen aus dem Spitzencluster it's OWL
ISBN 978-3-662-68115-2   ISBN 978-3-662-68116-9   (eBook)
https://doi.org/10.1007/978-3-662-68116-9

Die Deutsche Nationalbibliothek verzeichnet diese Publikation in der Deutschen Nationalbibliografie; detaillierte bibliografische Daten sind im Internet über http://dnb.d-nb.de abrufbar.

Planung/Lektorat: Alexander Gruen
Springer Vieweg ist ein Imprint der eingetragenen Gesellschaft Springer-Verlag GmbH, DE und ist ein Teil von Springer Nature.
Die Anschrift der Gesellschaft ist: Heidelberger Platz 3, 14197 Berlin, Germany

Das Papier dieses Produkts ist recyclebar.

Vorwort

Wir machen den Mittelstand fit für die industrielle Transformation

Die digitale Transformation verändert Produkte, Produktionsverfahren, Arbeitsbedingungen und Geschäftsmodelle in der Industrie. Um wettbewerbsfähig zu bleiben, müssen Unternehmen die Intelligenz in ihren Produkten und ihrer Fertigung erhöhen und neue Kundenzugänge erschließen. Dafür entwickeln Unternehmen und Forschungseinrichtungen im Technologie-Netzwerk it's OWL – Intelligente Technische Systeme OstWestfalenLippe gemeinsam neue Lösungen. Das Themenspektrum ist breit und spiegelt die Herausforderungen der Betriebe wider: von Big Data und maschineller Intelligenz über Wertschöpfungsnetze und Systems Engineering bis zu Kompetenzentwicklung und Arbeit 4.0.

Ausgezeichnet als Spitzencluster des Bundesministeriums für Bildung und Forschung gilt it's OWL als eine der größten Initiativen für die industrielle Transformation im Mittelstand. In den vergangenen zehn Jahren haben wir in 80 Projekten im Umfang von 230 Mio. € neue Technologiefelder erschlossen. In über 300 Transferprojekten konnten kleine und mittlere Unternehmen die Technologien nutzen und konkrete Herausforderungen lösen. Mit unserer Innovationsplattform machen wir die Ergebnisse aus allen Projekten verfügbar und schaffen einen digitalen Raum für Austausch und Matching. Gemeinsam mit unseren Transferpartnern schaffen wir passgenaue Unterstützungsangebote für den Mittelstand.

Mit dem Projekt „Digital Business" leisten Forschungseinrichtungen und Unternehmen unter der Koordination von Fraunhofer IEM einen wichtigen Beitrag, dass Unternehmen ihre Produkte stärker mit Services verzahnen und auf Plattformen durchgehende Lösungen für ihre Kundinnen und Kunden anbieten können. Die Erfahrungen und Ergebnisse aus dem Projekt wurden in einem Plattformradar aufbereitet, das KMU Orientierung und Einstieg in das Plattformgeschäft ermöglicht. Kleine und mittlere Unternehmen konnten in Transferprojekten die Ergebnisse nutzen, um ihre individuelle Plattformstrategie zu erarbeiten. Darüber hinaus haben sich aus „Digital Business" heraus neue Fragestellungen ergeben, die in weiteren it's OWL Projekten aufgegriffen werden.

it's OWL – Das ist OWL: Innovative Unternehmen mit konkreten Lösungen für die industrielle Transformation. Anwendungsorientierte Forschungseinrichtungen mit neuen Technologien für den Mittelstand. Hervorragende Grundlagenforschung zu Zukunftsfragen. Ein starkes Netzwerk für interdisziplinäre Entwicklungen. Attraktive Ausbildungsangebote und Arbeitgeber in Wirtschaft und Wissenschaft.

Geschäftsführer it's OWL Clustermanagement   Prof. Dr.-Ing. Roman Dumitrescu
                                                                                  Günter Korder
                                                                                  Herbert Weber

Inhaltsverzeichnis

Abkürzungsverzeichnis

APIs	Application Programming Interfaces
B2B	Business-to-Business
B2C	Business-to-Consumer
C2C	Consumer-to-Consumer
DigiBus	Digital Business
ERP	Enterprise-Resource-Planning
HR	Human Resources
IaaS	Infrastructure as a Service
IIoT	Industrial Internet of Things
IoT	Internet of Things
IP	Intellectual Property
KKV	Komparativer Konkurrenzvorteil
KI	Künstliche Intelligenz
KPI	Key Performance Indicator
PaaS	Platform as a Service
PLM	Product Lifecycle Management
SaaS	Software as a Service

Einführung

Fabio Wortmann, Sina Kämmerling, Simon Hemmrich,
Till Gradert und Kai Ellermann

Inhaltsverzeichnis

Technische Systeme im industriellen Umfeld unterliegen einem ständigen Wandel. Die digitale Transformation führt zu einer zunehmenden Vernetzung dieser Systeme. Auch als vierte industrielle Revolution bezeichnet, etabliert sich diese Vernetzung in der Produktion unter dem Leitmotiv Industrie 4.0. Die technologische Grundlage dieser Revolution bildet dabei das Internet der Dinge, das sogenannte Internet of Things (IoT). Es umfasst die

F. Wortmann (✉) · K. Ellermann
Fraunhofer Institut für Entwurfstechnik Mechatronik IEM, Paderborn, Deutschland
E-Mail: fabio.wortmann@iem.fraunhofer.de

K. Ellermann
E-Mail: kai.ellermann@iem.fraunhofer.de

S. Kämmerling · T. Gradert
Unity AG, Büren, Deutschland
E-Mail: sina.kaemmerling@unity.de

T. Gradert
E-Mail: till.gradert@unity.de

S. Hemmrich
Universität Paderborn, Paderborn, Deutschland
E-Mail: simon.hemmrich@uni-paderborn.de

© Der/die Autor(en), exklusiv lizenziert an Springer-Verlag GmbH, DE, ein Teil von
Springer Nature 2024
D. Beverungen et al. (Hrsg.), *Digitale Plattformen im industriellen Mittelstand,*
Intelligente Technische Systeme – Lösungen aus dem Spitzencluster it's OWL,
https://doi.org/10.1007/978-3-662-68116-9_1

Vernetzung und Kommunikation von Dingen (auch *Devices* oder *Things*) hin zu einer intelligenten, datengetriebenen Umgebung (Kagermann et al. 2013). Findet diese Vernetzung im industriellen Kontext mit Maschinen der Produktion statt, wird zumeist der Begriff des Industrial Internet of Things (IIoT) verwendet. Dieser Begriff ist jedoch als Teilmenge des IoT zu verstehen und ist daher im Rahmen dieses Buches inbegriffen.

Technologische Grundlage des IoT und der Industrie 4.0 bilden wiederum digitale Plattformen. Diese stellen in ihren vielfältigen Ausführungen einen Treiber der digitalen Transformation des Business-to-Business (B2B)-Geschäfts dar. So ermöglichen digitale Plattformen neben der technologischen Befähigung eines Unternehmens zur (internen) Vernetzung und Datengenerierung (technische Plattformen) auch den Aufbau vollkommen neuartiger Geschäftsmodelle. Hierunter fällt auch die Ergänzung des bestehenden physischen Produktportfolios um sogenannte Smart Services. Diese werden u. a. auf Basis der gewonnenen Daten aus vernetzten Produkten entwickelt und in Ergänzung zum bisherigen Geschäft angeboten.

Darüber hinaus ermöglichen digitale Plattformen auch disruptive Plattformgeschäftsmodelle in Form sogenannter Intermediärsplattformen. Diese nutzen eine technische Plattform als Basis, um darauf aufbauend ein Ökosystem, ein Netzwerk oder eine Community zu errichten. Betreiber dieser Intermediärsplattformen verfolgen dabei das Ziel, wirtschaftlichen Austausch und Transaktionen innerhalb dieser Community zu unterstützen und sich mit diesem Angebot am Markt zu platzieren. Hierdurch beeinflussen Plattformen im Sinne eines Intermediärs massiv die bisherigen Marktmechanismen etablierter Branchen. So weicht die lineare Wertschöpfung mit dem „klassischen" Verkauf eines Produktes der Wertschöpfung in Netzwerken.

Unternehmen sehen sich daher mit der Frage konfrontiert, welche Rolle sie in dieser Plattformökonomie zukünftig einnehmen wollen und können. Sie stehen vor der Herausforderung, diese neuen komplexen Marktverschiebungen zuerst verstehen zu müssen und im Anschluss die Frage zu beantworten, wie eine eigene Positionierung erfolgen kann. Das Innovationsprojekt Digital Business (DigiBus) des Spitzenclusters it's OWL widmet sich der Beantwortung dieser aufkommenden Frage zum Umgang mit der Plattformökonomie im B2B-Bereich mit Fokus auf dem industriellen Mittelstand.

Es werden hierzu Methoden und Konzepte vorgestellt, die von der strategischen Positionierung eines Unternehmens über die Auswahl plattform-geeigneter Leistungen bis hin zur Erarbeitung eines erfolgversprechenden Geschäftsmodells reichen. Diese können unternehmensindividuell zurate gezogen werden und so den Einstieg in die Plattformökonomie systematisch zum Erfolg führen.

Die Inhalte dieses Buches gliedern sich wie folgt: In Kapitel 1 wird die Ausgangssituation, die Problematik, der Handlungsbedarf und das Vorgehen des Projekts beschrieben. Kapitel 2 gibt einen Überblick über die notwendigen Grundlagen in den Themenfeldern Digitale Plattformen und Smart Services. In Kapitel 3 werden die entwickelten Methoden und Konzepte erläutert und das Zusammenwirken der einzelnen

Konzepte beschrieben. In Kapitel 4 wird anhand der Pilotprojekte mit den Partnern DE-NIOS AG (DENIOS) und WAGO Kontakttechnik GmbH & Co. KG (WAGO) die Anwendung der Methoden aus Kapitel 3 gezeigt und die daraus resultierenden Erfahrungen der Unternehmen diskutiert. Kapitel 5 liefert ein Resümee und gewährt einen Ausblick auf den weiteren Forschungsbedarf sowie Implikationen für das unternehmerische Handeln in der Plattformökonomie.

1.1   Digitale Plattformen auf dem Vormarsch

Im Business-to-Consumer (B2C)-Bereich und Consumer-to-Consumer (C2C)-Bereich sind digitale Plattformen selbstverständlicher Bestandteil des Alltags. Sie erleichtern unser Leben als Endverbraucher, indem sie als Vermittler auftreten und so den Austausch bzw. Interaktionen deutlich vereinfachen. Für nahezu jede Aufgabe existiert eine Plattform. Beispielsweise werden Reisen über *Booking.com* gebucht oder das Essen über *Lieferando.de* bestellt. Die zunehmende Bedeutung von Plattformen wird auch mit Blick auf Statistiken, wie die Listung der 100 wertvollsten Plattform-Unternehmen der Welt, deutlich. Demnach konnten digitale Plattformen ihre Marktkapitalisierung noch von Januar bis Juli 2020 um 12 % auf 15,6 Billionen USD steigern. Dabei bauten sie vor allem auch ihre Dominanz gegenüber herkömmlichen Geschäftsmodellen deutlich aus (Hosseini 2021).

Rückblickend zeigt die Historie digitaler Plattformen drei wesentliche Meilensteine der Digitalisierung. Diese haben den Erfolgszug der digitalen Plattform im B2C-Bereich ermöglicht und sind nun auch Wegbereiter für die Plattformökonomie im B2B-Bereich, d. h. im industriellen Kontext (Abb. 1.1).

Der erste Meilenstein nach dem Aufkommen des Internets umfasst die Etablierung von Suchmaschinen, wie z. B. *Google*. So konnte das Internet erstmalig zielgerichtet nach Informationen durchsucht werden. Dadurch wurde der Zugang zu Webseiten deutlich vereinfacht und die Grundvoraussetzung für Handels- und Vermittlungsplattformen, wie z. B. *Amazon* oder *Booking.com*, geschaffen.

Mit dem zweiten Meilenstein und der Innovation des Smartphones erhielten Menschen nicht mehr nur stationär, sondern auch mobil Zugang zum Internet. Diesen Umstand haben sich Apps wie z. B. *Uber* oder *Instagram* zu Nutze gemacht, indem sie die Bereitstellung ihrer Produkte nicht mehr lokal auf einen festen Ort beschränken mussten.

Der dritte Meilenstein gilt schließlich dem Eindringen der Plattformökonomie in den B2B-Bereich. Dieses wird forciert durch die industrielle Vernetzung in Richtung Industrie 4.0, ermöglicht durch IoT-Plattformen wie *Microsoft Azure* oder *Amazon Web Services*. Die Durchdringung der Industrie mit digitalen Plattformen steht zwar noch am Anfang, eine Bitkom-Studie zeigt jedoch, dass sich ein Großteil der befragten Unternehmen bereits mit dem Thema befasst (70 %) und nahezu alle Unternehmen digitale Plattformen als Chance für sich bewerten (96 %) (Bitkom 2018).

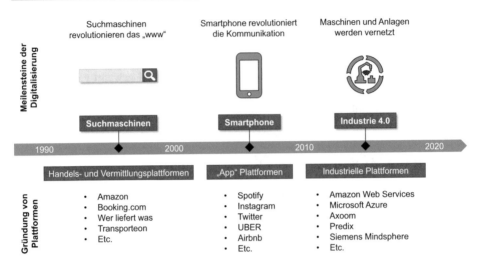

Abb. 1.1 Meilensteine der Digitalisierung und digitaler Plattformen

1.2 Herausforderungen digitaler Plattformen im B2B-Bereich

Digitale Plattformen haben auch im B2B-Bereich das Potenzial, Unternehmensgrenzen und ganze Branchen grundlegend zu verändern. Bestehende Mechanismen und Voraussetzungen vieler Märkte und Geschäftsbeziehungen geraten außer Kraft. Vor allem Industrieunternehmen stellt dies vor neue Herausforderungen, fußte ihr bisheriges Wertschöpfungssystem überwiegend auf dem klassischen Verkauf von Produkten. Sie wirtschafteten bislang in linearen Wertschöpfungsketten, deren Geschäftsmodelle die Bereitstellung physischer Produkte in Richtung eines klar definierten Kunden fokussierten.

Im Zuge der Digitalisierung und den Möglichkeiten digitaler Plattformen sind Unternehmen nunmehr aufgefordert diese linearen Strukturen zu hinterfragen, zu flexibilisieren und zukunftsträchtig weiterzuentwickeln. Abb. 1.2 zeigt am Beispiel eines Herstellers für Gefahrstofflager, in welchen Stufen dies geschehen kann.

In der Ausgangssituation des Unternehmens werden Produkte mit korrespondierenden Dienstleistungen, wie bspw. Wartungen, angeboten. In einer ersten Ausbaustufe kann mittels digitaler Plattformen, im Sinne einer technischen Plattform, die Aggregation von Daten erleichtert und standardisiert werden. So ergeben sich völlig neue Möglichkeiten durch die Verarbeitung und Analyse dieser Daten (Krause et al. 2017; Chatelain et al. 2017). In diesem Zusammenhang wird häufig der Begriff Smart Services verwendet (DIN SPEC33453). Diese Services zeichnen sich dadurch aus, dass sie einen zusätzlichen Kundennutzen über die reine Produktfunktion hinaus erbringen und gleichzeitig auf der Analyse von Produktdaten und Prozessdaten beruhen (Rabe et al. 2018). Zum Beispiel kann ein Hersteller von Gefahrstofflagern einen Condition

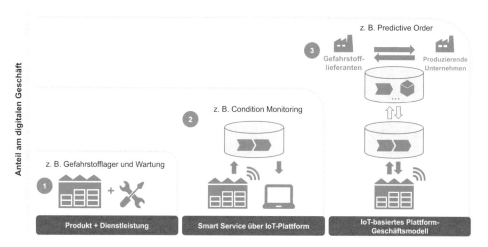

Abb. 1.2 Ausbau des digitalen Geschäfts hin zur digitalen Plattform in Anlehnung an Porter und Heppelmann (2014)

Monitoring Service anbieten und bei Produktverkauf seinem Kunden als zusätzlichen Dienst mit ausliefern. Die Wertschöpfung des Lagers und Smart Service erfolgt dabei weiterhin linear. Das bestehende Geschäftsmodell des Unternehmens ändert sich nicht.

Dies geschieht jedoch, wenn sich der Hersteller dazu entschließt, abseits des reinen Verkaufs von Smart Services diese bspw. auf einer Intermediärsplattform „handeln" zu lassen. In der dritten Ausbaustufe werden so im Sinne eines IoT-basierten Plattformgeschäftsmodells Gefahrstofflieferanten und produzierende Unternehmen zusammengebracht und auf Basis von Produktdaten einen Smart Service für *Predictive Ordering* zwischen ihnen platzieren. So ergibt sich die Chance, neben dem Produkt- und Smart Service-Geschäft, weitere Erlöse aus den entstehenden Transaktionen zu erzielen und den Anteil des digitalen Geschäfts weiter zu steigern (Beverungen et al. 2019; Porter und Heppelmann 2014).

Mangels Best Practices und aufgrund hoher Komplexität schrecken viele Unternehmen jedoch vor dieser letzten Ausbaustufe zurück. Eine der wesentlichen Herausforderungen und Klärungsbedarfe liegen dabei in der Frage nach den Rollen und Abhängigkeiten, die sich mit der Entwicklung einer Intermediärsplattform ergeben. Ein klares Verständnis hierüber ist die Voraussetzung dafür, auch die Rolle des eigenen Unternehmens zu definieren.

Welche Rollen kann ein Unternehmen in der Plattformökonomie einnehmen?
Wenn sich ein Unternehmen für den Beitritt in die Plattformökonomie (im engeren Sinne Intermediärsplattform) entscheidet, stehen generell folgende Rollen zur Option (Abb. 1.3):

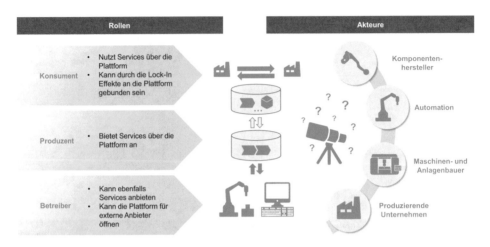

Abb. 1.3 Beispiele für Rollen auf einer Plattform und Akteure in der Industrie

Konsumenten: Sie treten einer Plattform als Teilnehmer (auch Nutzer) bei und beziehen Leistungen wie Produkte, Dienstleistungen oder andere Inhalte über die Plattform.

Produzenten: Sie treten einer Plattform als Teilnehmer (auch Nutzer) bei und erstellen Leistungen (Produkte, Dienstleistungen oder andere Inhalte). Die Leistungserbringung muss dabei nicht von einem Produzenten allein erfolgen, sondern kann in einem Produzentennetzwerk entstehen.

Betreiber: Sie sind für den Betrieb der Plattform (im Sinne einer Intermediärsplattform) verantwortlich und treten nach außen hin mit dem Plattform-Geschäftsmodell sowie häufig auch als der wirtschaftliche Eigentümer und Betreiber in Erscheinung. Der Betreiber kann ebenfalls Leistungen auf seiner Plattform anbieten und sie, gleich den Produzenten, mit den Konsumenten zusammenbringen.

Neben diesen zentralen Rollen in der Plattformökonomie gibt es auch Komplementäre, welche die Plattform um weitere Services (außerhalb des Kern-Wertbeitrags für Produzenten und Konsumenten) erweitern. Beispiele sind Zahlungs- und Versanddienstleister. Das Zusammenwirken dieser einzelnen Akteure in ihren Rollen rund um den Betreiber und wie es Marktmechanismen von Wertschöpfungsketten zu -netzwerken verändert, wird als Plattformökosystem bezeichnet.

Entschließt sich ein Unternehmen für den Beitritt in die Plattformökonomie, nimmt es als Akteur eine der definierten Rollen im Plattformökosystem ein. Auch mehrere Akteure oder eine Akteursgruppe können eine Rolle bilden. Insbesondere die Entscheidung, ob ein Unternehmen sich selbst in die Rolle eines Plattformbetreibers begibt oder einer anderen Plattform als Produzent oder Konsument beitritt, ist von hoher Tragweite. Dies ist bspw. davon abhängig, über welche Fähigkeiten das eigene Unternehmen verfügt oder ob bereits Wettbewerbsplattformen existieren.

Herausforderungen durch und mit digitalen Plattformen

Durch das Eindringen der Plattformökonomie in den B2B-Bereich findet eine Verschiebung der Kontrollpunkte in der Wertschöpfung statt, von der nahezu alle Branchen betroffen sind (Lüttenberg et al. 2021). Es sind nicht mehr ausschließlich einzelne Unternehmen und deren Produkte, die den Markt und die Wertschöpfung definieren, sondern Plattformbetreiber, die ein ganzes Ökosystem steuern (sofern sie als Intermediärsplattform auftreten). Plattformen besetzen damit langwierig aufgebaute Schnittstellen zwischen Unternehmen und ihren Kunden. Im Extremfall wird deren Bindung sogar nach dem Erstkauf eines Produkts für die Vermittlung nachfolgender Dienstleistungen oder eines späteren Wiederkaufs komplett durch eine digitale Plattform getrennt. Letztendlich stehen dadurch nicht nur die einzelnen Unternehmen mit Plattformen im Wettbewerb um den Kunden, sondern auch die Ökosysteme untereinander.

Um diesem Wettbewerbseinfluss und den herausfordernden Veränderungen durch digitale Plattformen proaktiv zu begegnen, sollten sich Unternehmen frühzeitig auch mit ihrem eigenen Potenzial der Plattformökonomie auseinandersetzen. Ein klares Verständnis der besonderen Charakteristika digitaler Plattformen ist dabei zwingend erforderlich, um sich nachhaltig in der Plattformökonomie, ggf. auch durch den Aufbau eines eigenen Plattform-Geschäftsmodells, zu etablieren (Kagermann et al. 2015).

Mit dem Entschluss selbst als Betreiber einer digitalen Plattform in Form eines Intermediärs einzusteigen, begegnen dem Unternehmen dann nicht minder große Herausforderungen und Risiken. Diesen muss sich das Unternehmen allerdings nicht ohnmächtig stellen, sondern hat sie in eigener Gestaltungsmacht.

Die Entwicklung eines erfolgreichen Plattform-Geschäftsmodells bildet ein äußerst komplexes und aus bisherigen Erfahrungen nicht herleitbares Vorhaben. Eine der größten organisatorischen Aufgaben gilt es direkt zu Beginn zu bewältigen: Das strategisch richtige Aufsetzen des Ökosystems mit seinen Konsumenten, Produzenten und Komplementären. Das bedeutet, dass eine Bindung der Akteure und die Erreichung einer kritischen Masse zügig erfolgen muss, damit die bei digitalen Plattformen erhofften Netzwerkeffekte (für Definition siehe 2.2.2) eintreten und exponentielles Wachstum realisiert werden kann (Engelhardt et al. 2017; Reillier und Reillier 2017; Parson et al. 2016). Erste Grundvoraussetzung, damit sich ein wachsendes Ökosystem bildet, ist die Empfänglichkeit des Marktes für digitale Plattformen. So gilt es, sich mit branchenspezifischen Fragestellungen zu beschäftigen, um herauszufinden, ob der relevante Markt durch neue Plattformen so verändert werden kann, dass ein Mehrwert entsteht. Eine objektive Analyse sollte auch ein solches Ergebnis liefern, dass bei einer bereits hohen Wettbewerbsdichte von digitalen Plattformen eher einer der Bestehenden beizutreten und vom Aufbau einer weiteren eigenen Plattform abzusehen ist. Gleiches gilt bei (noch) mangelnder Akzeptanz am Markt. Daher gilt, dass der Aufbau einer eigenen Plattform nicht immer zum Erfolg führt. Auch der Anschluss an eine existierende Plattform ergibt vielfach Wettbewerbsvorteile oder Synergiepotenziale. Doch manchmal ist dieser Anschluss auch ein notwendiges Übel, z. B. im Falle einer späten Reaktion auf das Marktverhalten.

Ausgehend davon, dass der Markt empfänglich und noch nicht besetzt ist, ist das funktionierende Matching zum Aufbau einer kritischen Masse auf der eigenen Plattform eine weitere Grundvoraussetzung (Definition ebenfalls in Abschn. 2.2.2). Dies ist vor allem eine technische Herausforderung und hat das Ziel, die Interaktion der Akteure auf der Plattform zielgerichtet und wertstiftend zu gestalten. Eine weitere technische Herausforderung im B2B- und insbesondere im industriellen Kontext ist die Adaption der zugrundeliegenden technischen Basis an die heterogenen IT- und Maschinenlandschaften. Neben der Realisierung eines präzisen Matching-Algorithmus sind demnach auch größere Aufwände für Schnittstellen- und Anpassungsarbeiten einzuplanen, sofern das Plattform-Geschäftsmodell auf Daten von umliegenden IT-Systemen oder Maschinenlandschaften aufbaut.

1.3   Innovationsprojekt Digital Business

Damit der Eintritt in die Plattformökonomie gelingt, bieten die entstandenen Ergebnisse Unternehmen im B2B-Bereich die Möglichkeit, die unternehmenseigenen Erfolgsaussichten abzuschätzen und systematisch auszuschöpfen. Dabei wird sowohl der Aufbau neuer Plattformen als auch die Entwicklung neuer Leistungen unterstützt. Ein Beispiel für Letzteres sind Smart Services, die schließlich über Plattformen (auch Dritter) vertrieben werden. Im Rahmen des Projekts werden die zentralen Herausforderungen des Plattformaufbaus sowie der Leistungsentwicklung adressiert und Unternehmen Methoden und Konzept an die Hand gegeben, mit denen die Entwicklung einer individuellen Plattformstrategie gelingt. Wesentliches Ziel und Ergebnis des Projekts sind außerdem die Validierung und Pilotierung des Instrumentariums mit Pilotpartnern. Das Buch klärt für den Leser hierzu folgende Fragen:

Welche Plattformen existieren im B2B-Bereich?
Um Unternehmen einen Ansatzpunkt zur Planung der eigenen Plattformstrategie zu geben, soll das Instrumentarium die bestehende Plattformlandschaft im B2B-Bereich in geeigneter Weise aufnehmen und darstellen. Das resultierende Plattform-Radar hilft im Anschluss bei der Orientierung und Positionierung innerhalb definierter Plattformtypen.

Welche Plattformstrategie hat für Unternehmen die höchsten Erfolgsaussichten?
Die entwickelten Projektergebnisse unterstützen Unternehmen im B2B-Bereich bei der Bewertung verschiedener Strategien zur Etablierung eines Plattformgeschäfts. Unternehmen werden somit in die Lage versetzt, eine individuelle Plattformstrategie zu formulieren. Mit entsprechenden Methoden und Konzepten sollen sie für sich auch die häufig gestellte Frage beantworten, ob der Aufbau einer eigenen Plattform sinnvoll ist oder ob eine Partnerschaft bzw. der Beitritt zur Plattform eines Dritten vorzuziehen ist.

Wie kann ein erfolgreiches Plattformkonzept für ein Unternehmen aussehen?
Ziel der Plattformstrategie ist es, möglichst allen Beteiligten des Plattformökosystems einen Nutzen zu stiften. Um dies sicherzustellen, ist das Geschäftsmodell rund um eine Plattformidee zu konzipieren, inklusive konkreter nutzenstiftender Leistungen. Die in diesem Buch beschriebenen Methoden und Konzepte unterstützen Unternehmen im B2B-Bereich bei der strategiekonformen Präzisierung von Plattformidee, -leistungen und -geschäftsmodell. Der Fokus bei der Erarbeitung von Plattformleistungen liegt dabei auf den im Kontext der Industrie 4.0 relevanten Smart Services.

Wie können die Plattformkonzepte umgesetzt werden?
Die entwickelten Methoden und Konzepte werden im Rahmen zweier Pilotprojekte validiert. Diese Beispiele dienen als Best Practices zur Umsetzung von Plattformstrategie und -konzept.

Die Projektstruktur zur Beantwortung der Fragen findet sich nachfolgend. Die Arbeitsinhalte wurden in den vier Querschnittsprojekten Plattform-Radar, Plattformstrategie, Applikationsgestaltung und Ergebnistransfer gebündelt. Orthogonal dazu stehen zwei Pilotprojekte mit den Pilotpartnern DENIOS und WAGO (Abb. 1.4). Der Aufbau des Buchs lehnt sich an die Projektstruktur an, jedoch ohne Anspruch auf Deckungsgleichheit.

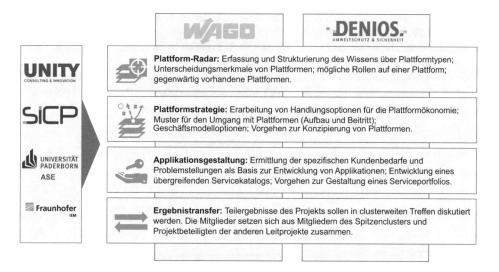

Abb. 1.4 Projektstruktur des Innovationsprojekts Digital Business

Literatur

Bitkom (2018) IoT-Plattformen - aktuelle Trends und Herausforderungen: Handlungs-empfehlungen auf Basis der Bitkom Umfrage 2018. Bundesverband Informationswirtschaft, Telekommunikation und neue Medien e. V., Berlin

Beverungen, D.; Müller, O.; Matzner, M.; Mendling, J.; vom Brocke, J. (2019) Conceptualizing Smart Service Systems. Electronic Markets, 29(1), S. 7–18. (veröffentlicht 2017)

Chatelain, J.-L.; Gatehouse, W.; Rung, T.; Utzschneider, P. (2017) IoT Platforms. The engines for agile innovation at scale. Accenture

DIN Deutsches Institut für Normung e. V. (2019) Entwicklung digitaler Dienstleistungssysteme, Beuth Verlag GmbH, Berlin

Engelhardt, S.; Wangler, L.; Wischmann, S. (2017) Eigenschaften und Erfolgsfaktoren digitaler Plattformen. Begleitforschung AUTONOMIK für Industrie 4.0.

Hosseini, H. (2021) Ecodynamics GmbH

Kagermann, H; Wahlster, W.; Helbig, J. (2013) Deutschland als Produktionsstandort sichern – Umsetzungsempfehlungen für das Zukunftsprojekt Industrie 4.0

Kagermann, H.; Riemensperger, F.; Hoke, D. (2015) Smart Service Welt – Umsetzungsempfehlungen für das Zukunftsprojekt Internetbasierte Dienste für die Wirtschaft. Abschlussbericht des Arbeitskreis Smart Service Welt, Berlin

Krause, T.; Strauß, O.; Gabriele, S.; Kett, H.; Lehmann, K. Renner, T. (2017) IT-Plattformen für das Internet der Dinge (IoT). Fraunhofer Verlag.

Lüttenberg, H.; Beverungen, D.; Poniatowski, M.; Kundisch, D.; Wünderlich, N.V. (2021) Drei Strategien zur Etablierung digitaler Plattformen in der Industrie. Wirtschaftsinformatik & Management 13(2), S. 120–131

Parson, C.; Leutiger, P.; Lang, A.; Born, D. (2016) Fair Play in der digitalen Welt - Wie Europa für Plattformen den richtigen Rahmen setzt. Roland Berger, München

Porter, M. E.; Heppelmann, J. E. (2014) How Smart, Connected Products Are Transforming Competition. Harvard Business Review

Rabe, M.; Asmar, L.; Kühn, A.; Dumitrescu, R. (2018) Planning of Smart Services based on a reference architecture. International DESIGN Conference.

Reillier, L.C.; Reillier, B. (2017) Platform strategy – How to unlock the power of communities and networks to grow your business. Routledge Taylor & Francis Group, London, New York

Grundlagen

2

Simon Hemmrich, Fabio Wortmann, Hedda Lüttenberg,
Till Gradert, Sina Kämmerling, Maurice Meyer und Michel Scholtysik

Inhaltsverzeichnis

S. Hemmrich (✉)
Universität Paderborn, Paderborn, Deutschland
E-Mail: simon.hemmrich@uni-paderborn.de

F. Wortmann
Fraunhofer Institut für Entwurfstechnik Mechatronik IEM, Paderborn, Deutschland
E-Mail: fabio.wortmann@iem.fraunhofer.de

T. Gradert · S. Kämmerling · M. Meyer
Unity AG, Büren, Deutschland
E-Mail: till.gradert@unity.de

S. Kämmerling
E-Mail: sina.kaemmerling@unity.de

M. Meyer
E-Mail: maurice.meyer@unity.de

M. Scholtysik
Heinz Nixdorf Institut, Paderborn, Deutschland
E-Mail: michel.scholtysik@hni.uni-paderborn.de

H. Lüttenberg
Hochschule Hamm-Lippstadt, Lippstadt, Deutschland
E-Mail: hedda.luettenberg@hshl.de

© Der/die Autor(en), exklusiv lizenziert an Springer-Verlag GmbH, DE, ein Teil von
Springer Nature 2024
D. Beverungen et al. (Hrsg.), *Digitale Plattformen im industriellen Mittelstand,*
Intelligente Technische Systeme – Lösungen aus dem Spitzencluster it's OWL,
https://doi.org/10.1007/978-3-662-68116-9_2

In diesem Kapitel wird ein grundsätzliches Verständnis zu digitalen Plattformen und Smart Services geschaffen. Dazu findet in Abschn. 2.1 zunächst eine kurze Definition und Abgrenzung der zentralen Begriffe dieses Buchs statt. Anschließend werden in Abschn. 2.2 Grundlagen digitaler Plattformen erläutert und dann die verschiedenen Plattformtypen aufgearbeitet (Abschn. 2.3). Abschn. 2.4 rückt dann Smart Services in den Fokus und erklärt den Zusammenhang mit digitalen Plattformen.

2.1   Begriffe im Kontext digitaler Plattformen

Der Begriff Plattform wird je nach Fachbereich unterschiedlich interpretiert. Dieses Buch legt den Fokus auf den im industriellen Kontext etablierten Begriff der digitalen Plattform, wobei diesem zwei abzugrenzende Verständnisse zugrunde liegen: Die digitale Plattform im Sinne eines digitalen mehrseitigen Marktes (Intermediärsplattform) und die digitale Plattform im Sinne einer technischen IT-Infrastruktur (technische Plattform) (Engelhardt et al. 2017; Lerch et al. 2019; Engels et al. 2017; Rauen et al. 2018).

Digitale Plattformen im Sinne einer Intermediärsplattform haben die Aufgabe, Interaktionen zwischen zwei oder mehr Akteursgruppen zu realisieren (Parker et al. 2016). Ein Betreiber einer solchen Plattform tritt somit als Intermediär auf, der sich zwischen Produzenten und Konsumenten positioniert. Ziel der Plattform ist es, geeignete Produzenten und Konsumenten zusammen zu bringen und den Austausch von Leistungen und Vergütungen zu unterstützen (Raj und Raman 2017; Hagiu und Wright 2015; Beverungen et al. 2021a).

Digitale Plattformen im Sinne einer technischen IT-Infrastruktur bzw. eines IT-Systems lassen sich im industriellen Kontext häufig als Industrial Internet of Things (IIoT)-Plattformen vorfinden. Wie in Kap. 1 hergeleitet, werden IoT-Plattformen genutzt, um Maschinen und Anlagen anzubinden und auf Basis der Daten die Entwicklung von Smart Products und Smart Services zu unterstützen (Engels et al. 2018).

Ein Plattform-Geschäftsmodell nutzt als Marktleistung eine Intermediärsplattform (Parker et al. 2016). Ein IoT-basiertes Plattform-Geschäftsmodell verwendet als Marktleistung eine Intermediärsplattform und als Schlüsselressource eine IoT-Plattform (Wortmann et al. 2019).

Smart Services sind Leistungen, die auf einer technischen IoT-Plattform basieren. Sie zeichnen sich dadurch aus, dass sie Daten eines Smart Products verwenden, um einen zusätzlichen Mehrwert für den Kunden zu generieren. Bei Smart Services handelt es sich demnach um integrierte Leistungen aus Produkten und Services, die teilweise auch als hybride Leistungsbündel, Produkt-Service- oder Dienstleistungssysteme bezeichnet werden (Beverungen et al. 2019; DIN SPEC 22.453; Rabe 2019).

2.2   Digitale Plattformen

Aufbauend auf dem Begriffsverständnis werden in diesem Abschnitt die Grundlagen digitaler Plattformen erläutert. Dazu wird in Abschn. 2.2.1 ein Referenzmodell vorgestellt, das die Mechanismen und Wechselwirkungen innerhalb eines Plattformökosystems beschreibt. In Abschn. 2.2.2 wird die Plattform selbst in den Fokus gestellt, indem die Eigenschaften digitaler Intermediärsplattformen erläutert werden. In Abschn. 2.2.3 folgt die Vorstellung von Plattformmechanismen zur Marktdurchdringung während in Abschn. 2.2.4 die Unterschiede zwischen Plattformen im B2B- und B2C-Bereich ausgearbeitet werden. Das Kapitel endet mit einer Formulierung des Handlungsbedarfs für den industriellen Mittelstand.

2.2.1   Referenzmodell zur Analyse von Plattformökosystemen

Das Referenzmodell in Abb. 2.1 gibt einen Überblick über alle relevanten Mechanismen in einem Plattformökosystem und deren Wechselwirkungen untereinander. Diese Faktoren werden in drei ineinander verschachtelten Abstraktionsebenen dargestellt (in der nachfolgenden Abb. unterschiedlich schattiert). Unterschieden werden die Ebenen der Plattform als Informationssystem (technische Plattform, z. B. IoT-Plattform), der Plattform als System für das Zusammenwirken von Akteuren (Intermediärsplattform) sowie der Plattform als Ökosystem (hierzu und im Folgenden: Poniatowski et al. (2021)).

Plattform als Informationssystem: Technische Plattformen im Sinne einer technischen Infrastruktur beziehen sich auf das Design von IT-Systemen und deren Management. IT-Systeme können dabei z. B. Enterprise-Resource-Planning (ERP)-Systeme, Product

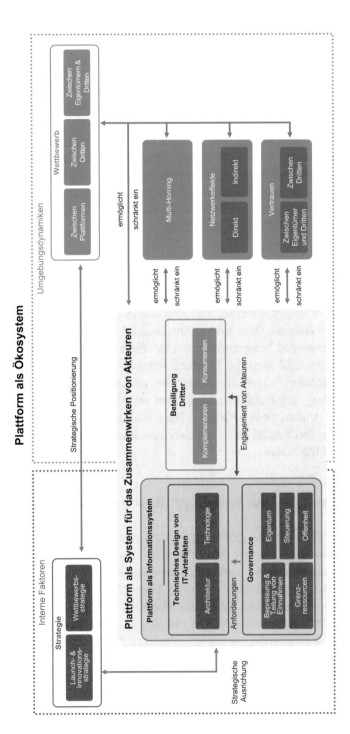

Abb. 2.1 Referenzmodell zur Analyse von Plattformökosystemen nach (Poniatowski et al. 2021)

Lifecycle Management (PLM)-Systeme aber auch IoT-Infrastrukturen umfassen. Dabei kontrolliert der Plattformbetreiber sowohl die IT-Systeme als auch das Management unter Berücksichtigung seiner Strategie. In diesem Sinne kann eine Plattform als ein IT-System betrachtet werden, das von einer Organisation entworfen und verwaltet werden muss. Es strukturiert Informationen aus der Umgebung, die im Rahmen der Umgebungsdynamiken auftreten. Beispiele für Informationen sind dabei die Nutzungsdaten von Konsumenten oder Produktspezifika sowie weitere Informationen, die aus anderen Plattformen oder externen Schnittstellen stammen.

System für das Zusammenwirken von Akteuren: In der Funktion als Intermediär stützt sich die digitale Plattform definitionsgemäß auf die Leistungen externer Produzenten und verwaltet sie so, dass das Entstehen wertvoller Beiträge von und für Dritte wahrscheinlicher wird. Die Hinzunahme verschiedener Konsumenten- und Komplementärsgruppen führt zu einer komplexeren Plattformstruktur und Verwaltung der Interaktionsmöglichkeiten der Akteure.

Plattform als Ökosystem: Ein Ökosystem umfasst die internen Faktoren und die Umgebungsdynamik von Plattformen. Interne Faktoren werden von einem Plattformbetreiber direkt kontrolliert, wobei der Betreiber Strategien, das technische Design von IT-Systemen, Governance-Mechanismen und Prozesse definiert. Im Gegensatz dazu liegen die Umweltdynamiken außerhalb der direkten Kontrolle des Betreibers, da sie aus den Handlungen der Anderen im Ökosystem der Plattform resultieren.
Zusammenfassend unterbreitet bei einer Plattform als Informationssystem ein Plattformbetreiber Dritten ein Wertangebot, das den verschiedenen Teilnehmern zugutekommt. Im System für das Zusammenwirken von Akteuren können sich Dritte an diesem Wertversprechen beteiligen, indem sie das Informationssystem nutzen (Boudreau und Hagiu 2009) und so zusammen Wert schaffen. Die zugrunde liegende Gestaltung der Plattform als Informationssystem ist dabei von entscheidender Bedeutung. Mithilfe von Governance-Mechanismen kann ein Plattformbetreiber die Beteiligung dritter Partner durch das Setzen von Anreizen oder Beschränkungen kontrollieren. Z. B. können auf der einen Seite kostenlose Erstnutzungen gewährt und auf der anderen Seite Zugangsvoraussetzungen erhoben werden. Das technische Design der Plattform beeinflusst wiederum diese Governance-Mechanismen, da es deren Möglichkeiten und Auswirkungen verstärkt oder begrenzt (Tiwana et al. 2010).
Die Sichtweise der Plattform als System für das Zusammenwirken von Akteuren ist auf die Wertschöpfung innerhalb der Plattform beschränkt. Demgegenüber erweitert die Plattform als Ökosystem diese Sichtweise in der Art, dass sich ständig an die Veränderungen im Ökosystem angepasst werden muss. Diese Veränderungen können Einflüsse auf die Plattform als Informationssystem ausüben und umgekehrt. Konkurrenzangebote auf einer anderen Plattform sind ein Beispiel für extern wirkende Faktoren der Veränderung.

2.2.2 Charakteristika digitaler Intermediärsplattformen

Digitale Plattformen als Intermediärsplattformen schließen nach Herleitung im vorangegangenen Abschnitt die technische Plattform als notwendige IT- bzw. IoT-Infrastruktur ein. Der Blick auf die wesentlichen Charakteristika digitaler Plattformen gilt daher dem umfassenderen Konzept der Intermediärsplattformen (Abb. 2.2). Ihr Verständnis ist erfolgskritisch für den Aufbau und Betrieb einer digitalen Plattform und umfasst vor allem das Matching und die Transaktion.

Matching: Auf einer Intermediärsplattform finden in der Regel zwei aufeinander folgende Schritte der Interaktion statt: Das Matching und anschließend die Transaktion. Dabei liegt die Annahme zugrunde, dass Produzenten und Konsumenten einander zunächst noch vermittelt werden müssen. Produzenten geben hierzu Informationen über ihr Angebot und Konsumenten über ihre Nachfrage preis. Mithilfe dieser Informationen können Konsumenten nach passenden Produzenten filtern und die Plattform bringt beide Nutzer per Matching-Algorithmus zusammen.

Transaktion: Wurden die Akteure über den Algorithmus auf der Plattform vermittelt, erfolgt im zweiten Schritt die Transaktion. Diese kann auf oder auch außerhalb der Plattform als direkte Interaktion zwischen den Parteien erfolgen. Wichtig ist, dass die Leistung gegen eine Vergütung transferiert wird, die monetär oder als Gegenleistung ausfallen kann. Die Plattform hat hierbei die Aufgabe, die Transaktion so zu unterstützen, dass die Transaktionspartner die Plattform wiederkehrend nutzen und nicht nach einem einmaligen Matching abseits der Plattform miteinander interagieren. Bspw. können Kunden über die B2C-Plattform *Lieferando* einen Lieferdienst finden, bei dem nach ein-

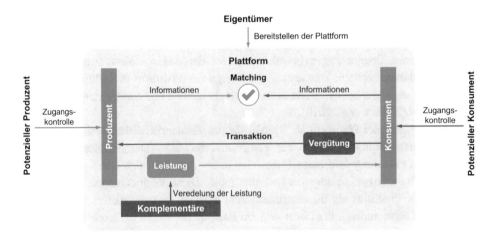

Abb. 2.2 Logik einer digitalen Plattform als Intermediärsplattform

maliger Interaktion über *Lieferando* zukünftig auch der Produzent, d. h. das Restaurant, direkt kontaktiert werden kann. Die Transaktion findet dann außerhalb der Plattform *Lieferando* statt.

Neben dem Matching und der Transaktion sind Aspekte und Eigenschaften wie Transaktionskosten, Skalierung, Netzwerkeffekt, kritische Masse, Monopolisierung, regionale Abhängigkeit, Offenheit und Qualität von entscheidender Bedeutung für den Erfolg von digitalen Plattformen.

Transaktionskosten: Die Kernaufgabe einer Intermediärsplattform liegt in der Funktion als Vermittler. Dadurch werden Transaktionen zwischen Akteuren ermöglicht, die ohne eine Plattform nicht oder nur begrenzt möglich wären. Einer der Hauptgründe dafür ist, dass die Transaktionskosten durch den Einsatz der Plattform sinken (Lerch et al. 2019; Engelhardt et al. 2017). Transaktionskosten setzen sich aus Informationskosten, Verhandlungs- und Vertragskosten, Anpassungskosten und Kontroll- bzw. Durchsetzungskosten zusammen (Stavins 1995):

- **Informationskosten** sind Kosten für das Identifizieren eines geeigneten Transaktionspartners.
- **Verhandlungs- und Vertragskosten** entstehen bei der Vertragsgestaltung einer Transaktion.
- **Anpassungskosten** fallen bei Anpassungen am geschlossenen Vertrag an.
- **Kontroll- bzw. Durchsetzungskosten** dienen dazu, die Erfüllung der vertraglichen Leistung zu gewährleisten (Stavins 1995).

Nach North (1987) gilt, dass sinkende Transaktionskosten zu mehr Markttransaktionen führen. Übernachtungsplattformen wie *Airbnb* und Mobilitätsplattformen wie *Uber* haben sich dieses Prinzip zunutze gemacht und Märkte geschaffen, die ohne diesen Plattformtyp nicht existieren würden (Lichtblau 2019; Engelhardt et al. 2017; Lerch et al. 2019). Insbesondere Anbahnungs- und Matching-Kosten (Informationskosten) werden erheblich reduziert, da Produzenten und Konsumenten effizient vermittelt werden (z. B. muss ein Taxi nicht mehr telefonisch angefordert werden, da die App das passende Taxi direkt zum Standort vermittelt).

Skalierung: Intermediärsplattformen sind digitale Geschäftsmodelle, bei denen vor allem im B2C-Bereich die Einbeziehung eines zusätzlichen Produzenten oder Konsumenten mit nur sehr geringen Zusatzkosten verbunden ist. Grund dafür ist die bereits bestehende technologische Basis, die bei Anbindung eines weiteren Teilnehmers nicht zwingend erweitert werden muss. Intermediärsplattformen liegt somit die sogenannte Null-Grenzkosten-Eigenschaft zugrunde (Lichtblau 2019) sowie die Prämisse, dass hierdurch eine beinahe unbegrenzte Skalierung möglich wird (Lichtblau 2019; Engelhardt et al. 2017; Rauen et al. 2018). Regionale Grenzen sind digitalen Plattformen nicht gesetzt. Lediglich sprachliche, kulturelle und juristische Hürden können einschränken (Lichtblau 2019; Engelhardt et al. 2017).

Netzwerkeffekt: Eine Skalierung kann nur durch das Wirken von Netzwerkeffekten erreicht werden. Der Netzwerkeffekt beschreibt das Phänomen, dass eine wachsende Anzahl an Akteuren auf einer Plattform die Attraktivität der Plattform weiter steigert. Dabei wird zwischen dem direkten und indirekten Netzwerkeffekt unterschieden. Der direkte Netzwerkeffekt liegt vor, wenn eine steigende Anzahl von Akteuren auf einer Seite der Plattform den Anreiz zum Beitritt auf derselben Seite erhöht (z. B. *LinkedIn*). Beim indirekten Netzwerkeffekt führt eine größere Anzahl von Akteuren auf einer Seite wiederum zu einem größeren Beitrittsanreiz auf der anderen Seite (z. B. *Amazon*) (Zhu und Iansiti 2019; Lichtblau 2019).

Kritische Masse: Die kritische Masse bezeichnet die Menge an Produzenten und Konsumenten die benötigt wird, damit auf beiden Seiten der Plattform ein ausreichend hoher Anreiz zum Beitritt neuer Akteure vorhanden ist, d. h. Netzwerkeffekte überhaupt entstehen können. Wie hoch diese kritische Masse in der Realität ist, hängt immer vom jeweiligen Anwendungsfall ab und lässt sich nicht generalisieren (Lichtblau 2019).

Monopolisierung: Digitalen Plattformen werden oft Monopolisierungstendenzen zugeschrieben (Engelhardt et al. 2017). Die deutsche Monopolkommission hat 2015 ein Sondergutachten zur Wettbewerbspolitik digitaler Märkte erstellen lassen (Zimmer et al. 2015). Dort wird hervorgehoben, dass digitale Märkte häufig ihre Macht auf andere Märkte übertragen und langfristig übergreifende Systeme entstehen können, die von nur einem Konzern kontrolliert werden (Zimmer et al. 2015). Diese Stärke einiger weniger Plattformen führt zu Konzentrationsentwicklungen und monopolähnlichen Strukturen (BMWi 2016; Lichtblau 2019; Parson et al. 2016). Wie stark diese ausfallen, hängt auch damit zusammen, ob bei dem Anwendungsfall Single- oder Multihoming vorliegt. Singlehoming bedeutet, dass Akteure dazu tendieren, nur eine Plattform für eine Kerninteraktion zu nutzen. Dies macht eine Monopolisierung wahrscheinlicher. Bei Multihoming sind Akteure auf verschiedenen Plattformen aktiv und die Koexistenz ähnlicher Plattformen bleibt möglich (Reuver et al. 2017).

Regionale Abhängigkeit: Der Aspekt der regionalen Abhängigkeit liegt dann vor, wenn die Kerninteraktion eine örtliche Nähe zwischen Produzenten und Konsumenten erfordert (z. B. *Uber*). Das bedeutet, dass die kritische Masse lokal erzeugt werden muss und sich das maximale Wachstum durch die örtliche Bindung signifikant beschränkt (Zhu und Iansiti 2019).

Offenheit und Qualität: Die Entscheidung über den Grad der Offenheit einer Plattform ist kritisch für den Unternehmenserfolg (Parker und van Alstyne 2018; Van Alstyne und Parker 2017). Ist eine Plattform sehr offen gestaltet, sinken die Wechselkosten für die

Akteure. Das erleichtert das Abwandern von der Plattform und erhöht den Wettbewerb zwischen den Plattformbetreibern (Eisenmann et al. 2006). Gleichzeitig begünstigt eine offene Plattform aber auch die Entfaltung von Netzwerkeffekten und das Wachstum (Eisenmann et al. 2006). Wird die Offenheit durch Zugangsvoraussetzungen oder andere Einschränkungen reduziert, hat dies oft Qualitäts- oder technische Gründe (Engelhardt et al. 2017; Parker und van Alstyne 2018).

2.2.3 Plattformmechanismen zur Marktdurchdringung

Bevor eine digitale Plattform erfolgreich am Markt wirken kann, muss sie diesen Markt durchdringen. Bei der Analyse existierender Plattformen konnten dazu insgesamt vier Wege identifiziert werden (Abb. 2.3) (Wortmann et al. 2020).

Die erste Möglichkeit ist das Ausschalten existierender Intermediäre. Die Plattform *WUCATO* hat sich z. B. als zentrale Einkaufsplattform positioniert und macht den klassischen Großhändlern Konkurrenz. Durch diverse Services, wie z. B. der Beratung zur Digitalisierung der Beschaffungsprozesse oder die Erstellung von Einkaufsanalysereports, hebt sich *WUCATO* von Großhändlern ab und vereinfacht den gesamten Beschaffungsprozess für produzierende Unternehmen (www.wucato.de).

Die zweite Möglichkeit besteht darin, sich erstmalig als neuer Intermediär in einer bestehenden Transaktion zu platzieren. So führt z. B. die Plattform *3YOURMIND* Anbieter von Additive-Manufacturing-Leistungen mit entsprechenden Auftraggebern zusammen. Mittlerweile ist ein europaweites Fertigungsnetzwerk entstanden, das zusätzlich das klassische Problem der begrenzten Stückzahl bzw. Produktionsgeschwindigkeit

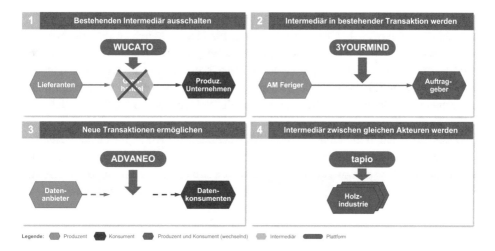

Abb. 2.3 Vier Mechanismen zur Durchdringung von Märkten mit digitalen Plattformen

von Additive-Manufacturing löst. Durch das große Angebot auf der Plattform können Unternehmen hohe Stückzahlen in verteilten Fertigungsstätten ordern und in kürzester Zeit produzieren lassen. Auch erleichtert *3YOURMIND* die Auftragsabwicklung, sodass Kunden zur regelmäßigen Nutzung der Plattform einen Anreiz erhalten (www.3yourmind.de).

Die dritte Option sieht vor, ganz neue Transaktionen zu ermöglichen, die zuvor ohne Plattform so nicht möglich waren (Lerch et al. 2019; Parker et al. 2016). Der Datenmarktplatz *ADVANEO* für Metadaten zu unterschiedlichen Branchen und Anwendungsfeldern bringt Datenproduzenten und Datenkonsumenten zusammen. Datenproduzenten können so zusätzliche Erlöse generieren, während Datenkonsumenten für bestimmte Anwendungen die optimalen Daten in ausreichender Menge beziehen (www.advaneo.de).

Ein vierter Weg kann sein, sich als Intermediär zwischen gleichen Akteuren zu platzieren, d. h. gleiche Akteure dazu zu befähigen, miteinander zu interagieren (Parker et al. 2016). Die Plattform *tapio* bietet ein Ökosystem für eine gesamte Branche an und ermöglicht so den Austausch zwischen Unternehmen der holzverarbeitenden Industrie. Durch den *tapio* Marketplace können bspw. Smart Services von Maschinenherstellern den Produktionsstätten zur Verfügung gestellt werden. Der zentrale Vorteil besteht hierbei darin, dass dies nur noch über eine allumfassende technische Lösung funktioniert (www.tapio.one).

2.2.4   Die Unterschiede zwischen B2C und B2B

Wie einleitend beschrieben, haben sich Intermediärsplattformen in der Vergangenheit zunächst im B2C-Bereich durchgesetzt. Die Durchdringung digitaler Plattformen in der Industrie schreitet mit Zeitversatz voran und deckt klare Unterschiede zum Verhalten von Plattformen im B2C-Bereich auf.

Kundenbedürfnisse: Als Grundvoraussetzung für eine erfolgreiche digitale Plattform gelten bislang große, möglichst homogene Akteursgruppen. Da die Bedürfnisse von Konsumenten, d. h. die Alltagsprobleme von Endverbrauchern, grundsätzlich sehr ähnlich sind, sind im B2C-Bereich diese homogenen Nutzergruppen zu finden. In der Industrie hingegen hat nahezu jeder Kunde individuelle Probleme und Bedürfnisse. Dies gründet darin, dass Unternehmen einerseits in den unterschiedlichsten Branchen und an den unterschiedlichsten Stellen innerhalb der Wertschöpfungsketten zu finden sind. Andererseits sind selbst Unternehmen der gleichen Branche auf gleicher Wertschöpfungsstufe durch ihre spezifische Entwicklung unterschiedlich strukturiert und digitalisiert. Dadurch ergeben sich im B2B-Bereich eher spezifische, stark fragmentierte heterogene Akteursgruppen.

Standards und Schnittstellenvielfalt: Digitale Plattformen können über Standards und etablierte Schnittstellen schnell andere Systeme anbinden. Im B2C-Bereich wird diese Anbindung zunehmend über mobile Endgeräte realisiert, während der stationäre PC in den Hintergrund rückt. Viele Plattformunternehmen wie z. B. *Google* haben sich mittlerweile eine sogenannte *mobile first Strategie* auferlegt, die besagt, dass alle Produkte initial auf mobile Endgeräte optimiert werden. Durch die Smartphone-Standards iOS und Android fällt dies sehr leicht. In der Industrie und dem (I)IoT müssen weitaus mehr Geräte als nur Smartphones an Plattformen angeschlossen werden. Die Maschinen und Anlagen in den Produktionsstätten haben ein unterschiedliches Alter, werden von unterschiedlichen Unternehmen hergestellt und sind mit unterschiedlicher Leittechnik ausgerüstet. Die dadurch entstehende Schnittstellenvielfalt ist schwer zu handhaben und erfordert eine hohe Individualisierung beim Einsatz von IoT-Plattformen, bevor sich diese ihrer eigentlichen Aufgabe, der Verarbeitung von Maschinendaten, widmen können.

Teilnehmerakquisition: Skalierung scheint bei Plattformen im B2C-Bereich deutlich einfacher zu sein als im B2B-Bereich, da zur Teilnehmerakquisition keine Akteursgruppen, sondern nur Einzelpersonen überzeugt werden müssen. Innerhalb von Unternehmen sind oftmals komplexe Entscheidungsprozesse zu finden, die ein schnelles Plattformwachstum hemmen. Jeder Teilnehmer muss oft durch intensive Beratung überzeugt werden, bevor sich dieser der Plattform anschließt.

Datenschutz und Intellectual Property (IP): Das Thema Datenschutz ist sowohl im B2C-Bereich als auch in der Industrie ein großer Diskussionspunkt. Viele Unternehmen fürchten den Verlust von IP durch die Anbindung an eine Plattform. Häufig kommt hinzu, dass Plattformen von Wettbewerbern angeboten werden, was zusätzliches Misstrauen bei potenziellen Teilnehmern weckt. Diese Vorbehalte schränken sowohl die Akzeptanz als auch die Etablierung von Plattformen ein.

Lock-In-Effekte: Für Endverbraucher gestaltet sich der Wechsel von einer Plattform zu einer anderen vergleichsweise einfach. Nachdem ein neues Konto angelegt wurde, kann der Nutzer in der Regel direkt alle Vorteile einer Plattform nutzen. Im B2B-Bereich ist der Wechsel von einer Plattform auf eine andere komplizierter. Die Plattformanbindung eines Unternehmens mit seinen Systemen und Maschinen ist häufig nicht ohne eine individuelle Anpassung möglich. Auch die eigene Prozesslandschaft muss abgestimmt und integriert werden. Durch diesen hohen Integrationsaufwand entsteht ein sogenannter Lock-In-Effekt (Berg 2019). D. h. Unternehmen machen sich schon bei der Auswahl, welcher Plattform sie beitreten wollen, von dieser abhängig und sollten diesen Schritt daher gut abwägen.
Die Unterschiede der Plattformökonomie im B2C- und B2B-Bereich zeigen, dass es Plattformen im industriellen Bereich deutlich schwerer haben sich zu etablieren, da das Wachstum durch viele Faktoren geschwächt werden kann. Andererseits bietet ein fragmentierter Markt in der Industrie auch die Möglichkeit für die Etablierung von Nischen-

plattformen und die Co-Existenz. So gibt es weniger Monopolisierung und einen „gesünderen" Wettbewerb zwischen den Plattformen. Das bedeutet abschließend, dass die gängige Grundannahme eines *the winner takes it all Markts* aus dem B2C-Bereich für den B2B-Bereich längst nicht immer zutrifft.

2.2.5 Handlungsbedarf für den industriellen Mittelstand

Digitale Plattformen ermöglichen effizientere Transaktionen zwischen Akteuren und bieten Plattformbetreibern die Möglichkeit, zusätzliche Erlöse durch das Management solcher Transaktionen zu generieren. Das Skalierungspotenzial lässt den Aufbau einer Plattform sehr attraktiv erscheinen. Effekte wie z. B. die Monopolisierungstendenzen machen diesen Aufbau allerdings auch zu einem ebenso risikoreichen Vorhaben im Wettbewerb mit anderen Unternehmen.

Es zeigt sich, dass die Erfahrungen aus dem B2C-Bereich nicht unmittelbar auf den B2B-Bereich übertragen werden können. Angesichts der zuvor erläuterten Charakteristika digitaler Plattformen macht der Abschnitt deutlich, dass produzierende Unternehmen aus dem Mittelstand sowohl beim Aufbau als auch beim Beitritt zu einer Plattform vor vollkommen neuartigen Herausforderungen stehen. Um diese Herausforderungen zu meistern, sind insbesondere in der frühen Phase der Geschäftsplanung eine Vielzahl von Faktoren zu berücksichtigen. Aktuell besteht jedoch ein Mangel an geeigneten Methoden und Konzepten zur Berücksichtigung dieser Faktoren und zur Bewältigung der Herausforderungen. Dieser Zustand war die Motivation für das DigiBus-Projekt. Es wurden die folgenden vier Handlungsfelder entlang des Geschäftsplanungsprozesses definiert:

1. Im Rahmen der Orientierung sollen Unternehmen zunächst einen Überblick über die Facetten der Plattformökonomie erhalten und verschiedene strategische Stoßrichtungen für Plattformstrategien erarbeiten.
2. In der Phase der Strategieentwicklung sind Unternehmen bei der Ausarbeitung der strategischen Stoßrichtung und bei der Identifikation von Plattformpotenzialen zu unterstützen.
3. Im Rahmen der Konzipierung sollen Unternehmen Methoden für die Ausarbeitung von Plattformideen sowie für die Entwicklung von zugehörigen Plattformkonzepten und Geschäftsmodellen erhalten.
4. Im Zuge der Geschäftsplanung werden schließlich Mittel zur Bewertung des Geschäftsmodells und dessen Wirtschaftlichkeit notwendig.

Bevor die Antworten auf die Handlungsfelder gegeben und die jeweils entwickelten Methoden und Konzepte Anwendung finden können, ist ein weiteres Handlungsfeld zu schließen. Die strategische Auseinandersetzung mit digitalen Plattformen erfordert sowohl ein eindeutiges Begriffsverständnis als auch eine klare Orientierung innerhalb der

Plattformökonomie. Letzteres bezieht sich auf die Abgrenzung unterschiedlicher Plattformtypen, welche eine Orientierung erst ermöglicht. Daher wird im nachfolgenden Abschnitt auf die relevanten Plattformtypen eingegangen und so die notwendige Orientierung erarbeitet.

2.3   Typen digitaler Plattformen

In Abschn. 2.1 wurden bereits zwei Betrachtungsweisen digitaler Plattformen unterschieden: Intermediärsplattformen und technische Plattformen. Für die Entwicklung
einer Plattformstrategie reicht diese Unterscheidung jedoch nicht aus, da sich auch innerhalb dieser zwei Gruppen und durch ihre Kombination unterschiedliche Plattformtypen
ergeben. Vor diesem Hintergrund hat unter anderem das Bundesministerium für Wirtschaft und Energie in einer Studie zur volkswirtschaftlichen Bedeutung digitaler Plattformen den Bedarf nach einer Differenzierung und Typisierung digitaler Plattformen
hervorgehoben (Lerch et al. 2019).

Die Literatur bietet bereits verschiedene Typisierungsansätze. Evans und
Gawer (2016) unterscheiden Transaktions-, Innovations-, Integrierte- und Investment-
plattformen. Obermaier und Mosch differenzieren digitale Marktplätze, Infrastruktur-
plattformen, Vernetzungsplattformen und IoT-Plattformen (Obermaier 2019). Herda
et al. (2018) unterscheiden die folgenden fünf Plattformtypen: Werbeplattform, Cloud-
Plattform, Produktplattform, industrielle Plattform und schlanke Plattform. Dabei werden B2C-Plattformen differenzierter betrachtet. B2B-Plattformen werden hingegen in
einer Gruppe zusammengefasst (Herda et al. 2018). Der Bundesverband der Deutschen
Industrie e. V. unterscheidet die folgenden beiden Grundverständnisse: Datenzentrierte
und transaktionszentrierte Plattformen. Innerhalb dieser Grundverständnisse werden
detailliertere Typen definiert: IIoT-Plattformen und Daten-(Transaktions-)Plattformen
zählen zu den datenzentrierten Plattformen (Koenen und Falck 2020). Marktplätze, Sup-
ply Chain Plattformen und Netzwerkplattformen werden bei den transaktionszentrierten
Plattformen unterschieden (Koenen und Heckler 2020). Eine Unterscheidung dieser
oben genannten Grundverständnisse wird häufig vorgenommen (Engelhardt et al. 2017;
Koenen und Heckler 2020; Lichtblau 2019; Engels et al. 2018; Rauen et al. 2018). Die
Kombination dieser beiden Grundverständnisse wird hingegen selten betrachtet.

Zu Beginn des Projekts DigiBus haben sich die verfügbaren Typisierungen als un-
zureichend erwiesen, insbesondere hinsichtlich der priorisierten Behandlung von digitalen Plattformen im B2B-Bereich. Hauptaufgabe stellt daher zuerst die Entwicklung eines
eigenen, dem B2B-Fokus gerecht werdenden Typisierungsansatzes dar. Dazu werden in
Abschn. 2.3.1 zunächst Merkmale und Ausprägungen definiert, hinsichtlich derer existierende Plattformen klassifiziert werden können. In Abschn. 2.3.2 wird mithilfe der klassi-
fizierten Plattformen eine Clusteranalyse durchgeführt, um Plattformtypen ableiten zu
können. Abschn. 2.3.3 stellt schließlich die identifizierten Plattformtypen vor.

2.3.1 Merkmale und Ausprägungen zur Klassifizierung digitaler Plattformen

In einem ersten Schritt gilt es relevante Aspekte zu identifizieren, die bei der Klassifikation digitaler Plattformen berücksichtigt werden sollten. Dazu werden zunächst Ansätze aus der Literatur diskutiert und ein Literaturkonsens abgeleitet. Darauf aufbauend werden schließlich Merkmalsgruppen gebildet (Abb. 2.4), die für das spätere Klassifikationsschema als oberste Strukturebene dienen.

Plattformen können nach verschiedenen Ebenen unterteilt werden (Parker et al. 2016). Die Literatur unterscheidet z. B. die Ebenen Infrastructure, Data und Network-Marketplace Community (Sangeet 2015). Jaekel greift diesen Ansatz auf und unterscheidet die drei Ebenen Infrastruktur-Ebene, Datenmanagement-Ebene und Community-Ebene (Jaekel 2017).

Auf Basis des in Abschn. 2.2.1 eingeführten Referenzmodells zur Analyse von Plattformökosystemen und den in der Literatur grob beschriebenen Ebenen digitaler Plattformen, werden in diesem Buch folgende Ebenen festgelegt: Die Infrastruktur- und Datenmanagement-Ebene detaillieren die Funktion einer Plattform als Informationssystem (technische Plattform). Die Community- und später erläuterte Geschäftsmodell-Ebene sind wiederum Teil der Plattform als System für das Zusammenwirken von Akteuren (Intermediärsplattform):

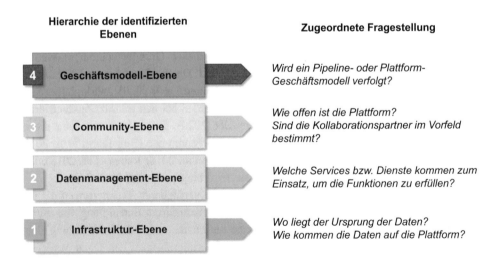

Abb. 2.4 Merkmalsgruppen zur Klassifizierung digitaler Plattformen

1. Die **Infrastruktur-Ebene** dient im Wesentlichen dazu, die Kerninteraktion zu realisieren (Jaekel 2017). Sie betrachtet eine Plattform von dem Datenursprung, bis hin zur Akquisition der Daten auf der Plattform und stellt dazu entsprechende Schnittstellen, sogenannte Application Programming Interfaces (APIs), bereit (Sangeet 2015).

2. Die **Datenmanagement-Ebene** adressiert die Datenverarbeitung auf der Plattform. Auf dieser Ebene wird ein großer Teil aller Aktivitäten gesteuert (Jaekel 2017). Dies betrifft vor allem das Matching von Nachfrage und Angebot (Sangeet 2015).

3. Die **Community-Ebene** beschreibt die Akteure auf der Plattform und deren Beziehung untereinander (Jaekel 2017). Die Eigenschaften, die ein Plattformökosystem auf Community-Ebene haben kann, werden hier differenziert. So findet in einem sozialen Netzwerk eine andere Form der Interaktion statt als auf einer Handelsplattform, bei der lediglich Käufer und Verkäufer zueinander finden (Sangeet 2015).

4. Die **Geschäftsmodell-Ebene** beschreibt, welches Geschäftsmodell mit einer Plattform verfolgt wird. Diese Geschäftsmodell-Ebene gilt nicht nur für Intermediärsplattformen (Herda et al. 2018), sondern auch für solche IoT-/ bzw. technischen Plattformen, bei denen grundsätzlich ein Geschäftsmodell etabliert werden soll (Rauen et al. 2018).

Abb. 2.5 fasst die beschriebenen vier Ebenen zusammen und zeigt, in welchen Merkmalen und jeweiligen Ausprägungen sie sich niederschlagen.

Im Folgenden wird jede Ebene einer genaueren Betrachtung unterzogen. Abb. 2.6 führt diese detaillierte Betrachtung mit einem fokussierten Blick auf die Geschäftsmodell-Ebene ein.

Ebene	Merkmal	Ausprägungen			
GM	Plattform-GM	Zweiseitig	Mehrseitig	Soziales Netzwerk	Kein Plattform-GM
GM	Pipeline-GM	Software as a Service (SaaS)	Platform as a Service (PaaS)	Infrastructure as a Service (IaaS)	Keine Pipeline
Community	Kollaboration	Bestimmt		Unbestimmt	
Community	Offenheit	Offen	Zugangsvoraussetzungen	Ausgewählte Partner	Geschlossen
Community	Regionale Abhängigkeit	Hohe Abhängigkeit (<10 km Radius)	Leichte Abhängigkeit (10 km – 500 km Radius)	Keine Abhängigkeit	
DM	Servicetyp	Datenbasierte, nicht smarte Services	Smarte Services	Plattformservices	
Infrastruktur	Schnittstelle zur Plattform	Mobiles Endgerät	Stationärer PC	Maschine	IT-System
Infrastruktur	Datenfluss	Kontinuierlich	Regelmäßig	Unregelmäßig	
Infrastruktur	Primäre Datenerzeuger	Mensch	Technisches System	Umwelteinflüsse	

Abb. 2.5 Gesamtübersicht zu Merkmalen und Ausprägungen je Plattform-Ebene

Ebene	Merkmal	Ausprägungen			
GM	**Plattform-GM**	Zweiseitig	Mehrseitig	Soziales Netzwerk	Kein Plattform-GM
	Pipeline-GM	Software as a Service (SaaS)	Platform as a Service (PaaS)	Infrastructure as a Service (IaaS)	Keine Pipeline

Abb. 2.6 Merkmale und Ausprägungen von Plattformen auf Geschäftsmodell-Ebene

Das Merkmal *Plattform-Geschäftsmodell* adressiert lediglich Leistungen, die ein Plattform-Geschäftsmodell verfolgen. Das umfasst Plattformen, deren primäre Funktion die eines Intermediäres ist. In der Literatur werden verschiedene Arten von Plattform-Geschäftsmodellen unterschieden. Zweiseitige Märkte verbinden genau zwei Akteursgruppen über eine Plattform miteinander (häufig sind das Produzenten und Konsumenten einer Leistung). Bei mehrseitigen Märkten sind zusätzlich weitere Akteursgruppen möglich. Neben den zwei- und mehrseitigen Märkten existieren zudem Plattformen mit nur einer Nutzergruppe, z. B. soziale Netzwerke. Diese zeichnen sich dadurch aus, dass ein Akteur zeitgleich Produzent und Konsument sein kann. Für den Fall, dass es sich um kein Plattform-Geschäftsmodell handelt, existiert die Ausprägung *Keine Plattform-GM* (Bughin et al. 2019).

Eine weitere Art von Geschäftsmodell ist das Pipeline-Geschäftsmodell, das eine direkte Produzenten-Konsumentenbeziehung entlang der Wertschöpfungskette beschreibt (Dumitrescu und Wortmann 2018). Vor allem technische Plattformen werden häufig im Kontext eines Pipeline-Geschäftsmodells vermarktet. In diesem Fall wird eine Plattform als direkte Marktleistung eines Unternehmens einem weiteren Unternehmen angeboten. Viele mittelständische Unternehmen führen diese Plattformen zurzeit ein (*Microsoft Azure* oder *ADAMOS*), um dadurch die Produktion zu vernetzen und bspw. eine solide Basis zur Realisierung von Smart Services zu erhalten. Diese technischen Plattformen werden häufig nach den folgenden drei Ausprägungen unterschieden: Software as a Service (SaaS), Platform as a Service (PaaS), Infrastructure as a Service (IaaS) (Schmidt und Möhring 2017). Für Intermediärsplattformen ist hier die Ausprägung *Keine Pipeline* vorgesehen.

Die Community-Ebene beschreibt die Art und Weise, wie Akteure über die Plattform miteinander interagieren. Abb. 2.7 zeigt die ausgewählten Merkmale auf Community-Ebene.

Das Merkmal *Kollaboration* beschreibt, ob die Kollaboration zwischen zwei Akteuren über eine Plattform bereits zuvor bestimmt war, oder ob die beiden Akteure erst auf der Plattform zueinander gefunden haben. Bei *Airbnb* sucht ein Urlauber in der Regel erst auf der Plattform nach einer Unterkunft. In diesem Fall ist die Kollaboration unbestimmt. Nutzer der Zahlungsplattform *PayPal* wissen bereits vorher, wem sie über die Plattform Geld senden möchten. Daher ist diese Art der Kollaboration schon vorherbestimmt.

Ebene	Merkmal	Ausprägungen			
Community	Kollaboration	Bestimmt		Unbestimmt	
	Offenheit	Offen	Zugangs-voraussetzungen	Ausgewählte Partner	Geschlossen
	Regionale Abhängigkeit	Hohe Abhängigkeit (<10 km Radius)	Leichte Abhängigkeit (10 km – 500 km Radius)		Keine Abhängigkeit

Abb. 2.7 Merkmale und Ausprägungen von Plattformen auf Community-Ebene

Die *Offenheit* einer Plattform wird in der Literatur häufig als Merkmal genannt (Dumitrescu und Wortmann 2018; Engelhardt et al. 2017; Reuver et al. 2017). Diese kann sowohl durch technische Voraussetzungen als auch durch Governance-Mechanismen beeinträchtigt werden (siehe Referenzmodell zur Analyse von Plattformökosystemen). Häufig wird bei der Offenheit lediglich zwischen den Ausprägungen *offen* und *geschlossen* unterschieden (Gawer 2009; Lichtblau 2019). Da Plattformen jedoch nur in den seltensten Fällen völlig offen oder völlig geschlossen sind, wird für die Typisierung eine feinere Gliederung gewählt. So werden die Ausprägungen *Zugangsvoraussetzungen* und *ausgewählte Partner* ergänzt.

Die regionale Abhängigkeit kommt vor allem bei Plattformen zum Tragen, bei denen beide Akteure nicht nur digital, sondern auch direkt miteinander interagieren müssen. *Uber* besitzt beispielsweise eine hohe regionale Abhängigkeit. Zwar ist *Uber* weltweit verfügbar, jedoch können Fahrer und Fahrgast nur gematcht werden, wenn sie in der Nähe sind. *Airbnb* wiederum weist keine regionale Abhängigkeit auf, da die Buchung (das Matching) einer Unterkunft ortsunabhängig erfolgen kann (Zhu und Iansiti 2019). Für die Typisierung sind drei Ausprägungen angesetzt: Hohe Abhängigkeit (<10 km Radius), leichte Abhängigkeit (10 km–500 km Radius) und keine Abhängigkeit.

Die Datenmanagement-Ebene beschreibt die Art und Weise, wie die Daten auf der Plattform verarbeitet und verwaltet werden. Abb. 2.8 zeigt die Merkmalsgruppe und Ausprägungen.

Auf Datenmanagement-Ebene wird lediglich das Merkmal *Servicetyp* betrachtet. Grund hierfür ist, dass jede detailliertere Betrachtung die Identifikation von allgemein bewertbaren Ausprägungen für Plattformen erschweren würde. Das Merkmal impliziert, dass die Verarbeitung und Verwaltung der Daten auf der Plattform durch Services realisiert wird. Smart Services aggregieren Daten aus Smart Products und verarbeiten sie zu

Ebene	Merkmal	Ausprägungen		
DM	Servicetyp	Datenbasierte, nicht smarte Services	Smarte Services	Plattformservices

Abb. 2.8 Merkmal und Ausprägungen von Plattformen auf Datenmanagement-Ebene

einem Mehrwert (DIN SPEC 33.453). Datenbasierte, nicht smarte Services beruhen zwar auf Daten, hängen jedoch nicht unmittelbar mit den Daten eines Produkts zusammen. Plattformservices zielen explizit darauf ab, eine Kollaboration oder ein Matching zwischen zwei oder mehr Akteursgruppen zu erzeugen.

Die Infrastruktur-Ebene beschreibt, wie die Daten akquiriert werden und auf die Plattform gelangen. Abb. 2.9 gibt einen Überblick über die Merkmale und Ausprägungen der Infrastruktur-Ebene.

Die Schnittstelle zur Plattform beschreibt, welche technischen Systeme an die Plattform andocken (Dremel und Herterich 2016). Daraus lässt sich die grundsätzliche Ausrichtung einer Plattform ableiten. Insgesamt werden vier Ausprägungen unterschieden: Mobiles Endgerät, stationärer PC, Maschine und IT-System.

Der Datenfluss gibt wieder, mit welcher Regelmäßigkeit Daten auf der Plattform erfasst werden. Unterschieden wird hier zwischen kontinuierlich, regelmäßig und unregelmäßig. Kontinuierliche Datenerfassung spielt unter anderem dann eine Rolle, sobald eine Maschine Daten an die Plattform sendet (Plass 2018). Regelmäßiger Datenfluss liegt insbesondere bei der Integration anderer IT-Systeme vor, sobald in regelmäßigen Abständen Daten auf der Plattform akquiriert werden. Ein unregelmäßiger Datenfluss ist ein Indiz für die menschliche Dateneingabe. Dazu kann das Stellen von Suchanfragen oder die Ad-hoc-Kommunikation über die Plattform zählen. Je nach Art des Datenflusses ergeben sich unterschiedliche Anforderungen an den technischen Unterbau der Plattform.

Der primäre Datenerzeuger ist diejenige Entität, die wertschöpfungsrelevante Daten an die Plattform sendet (Lichtblau 2019). In der Literatur wird auch von Datenquelle gesprochen (Kühn et al. 2018). Z. B. wird der Mensch als primärer Datenerzeuger ausgewählt, sofern die produzierten Leistungen auf der Plattform vom Menschen erstellt werden (z. B. Inserate für Hotelunterkünfte oder Angebote für Beratungsleistungen). Umwelteinflüsse sind zu selektieren, wenn die Plattform externe Informationen in den Service einbindet (z. B. Wetterdaten bei *365FramNet* oder Staudaten bei *Google Maps*).

2.3.2 Klassifizierung digitaler Plattformen und Clusteranalyse

Auf Basis der hergeleiteten Plattform-Ebenen, ihrer Merkmale und Ausprägungen erfolgt in diesem Abschnitt die Clusteranalyse und Typisierung von Plattformen. Als Eingangs-

Ebene	Merkmal	Ausprägungen			
Infrastruktur	Schnittstelle zur Plattform	Mobiles Endgerät	Stationärer PC	Maschine	IT-System
Infrastruktur	Datenfluss	Kontinuierlich	Regelmäßig		Unregelmäßig
Infrastruktur	Primäre Datenerzeuger	Mensch	Technisches System		Umwelteinflüsse

Abb. 2.9 Merkmale und Ausprägungen von Plattformen auf Infrastruktur-Ebene

größe dient dazu eine Matrix. In der Matrix werden die über eine Marktrecherche identifizierten B2B-Plattformen gegenüber den Merkmalen und Ausprägungen bewertet. Aus diesen Daten wird eine Distanzmatrix erzeugt, die schließlich als Input für eine Clusteranalyse dient. Das Ergebnis der Clusteranalyse wird in Form eines Dendrogramms dargestellt (Abb. 2.10). Dazu wird der Jaccard Algorithmus verwendet, der sich für nominal skalierte Datensätze eignet. Die Cluster werden wiederum mithilfe des „Linkage zwischen den Gruppen" Verfahrens identifiziert.

Das Dendrogramm bildet auf der X-Achse die 57 eingestuften B2B-Plattformen ab. Die obere rot eingezeichnete Linie zeigt, dass die zwei Grundverständnisse (Intermediärsplattformen und technische Plattformen), wie sie in der Literatur beschrieben sind, auch durch das Dendrogramm ausgewiesen werden. Die Annahme, dass diese beiden Typen als übergeordnete Struktur existieren, wird somit durch die Clusteranalyse bestätigt. Durch die Anwendung des Elbow-Kriteriums konnten insgesamt fünf Cluster identifiziert werden (untere rote Linie) und bei näherer Betrachtung den Clustern sinnvolle Plattformtypen zugeordnet werden.

Abb. 2.11 zeigt die Ergebnisse der Clusteranalyse in Form einer multidimensionalen Skalierung, die in eine zweidimensionale Darstellung überführt wurde. Die Landkarte zeigt die identifizierten Cluster sowie deren dimensionslose Entfernung zueinander. Es lässt sich erkennen, dass es drei Typen von digitalen Plattformen im Bereich der Intermediärsplattformen gibt. Dies sind die Zwei- bzw. mehrseitigen Märkte, IoT-basierte Intermediäre und Service Plattformen. Im Bereich der technischen Plattformen lassen sich zwei Plattformtypen untergliedern: IoT-Plattformen und Smarte IoT-Plattformen. Eine detaillierte Beschreibung und Differenzierung dieser Typen erfolgt im nachfolgenden Abschnitt.

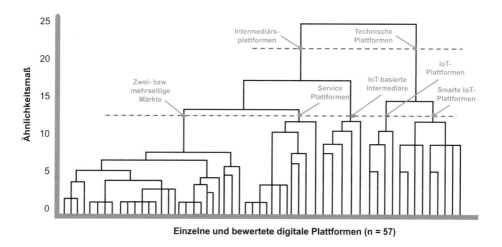

Abb. 2.10 Dendrogramm als Ergebnis der Clusteranalyse

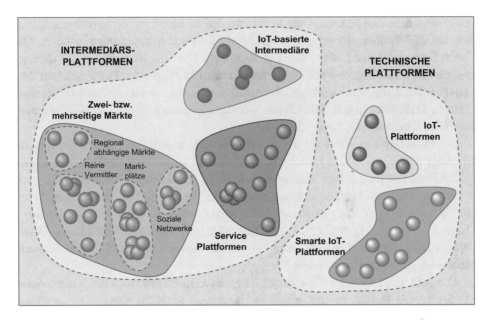

Abb. 2.11 Ergebnis der multidimensionalen Skalierung

2.3.3 Differenzierung der Plattformtypen

In diesem Abschnitt werden die mittels der Clusteranalyse identifizierten Plattformtypen detailliert vorgestellt und wesentliche Unterscheidungsmerkmale hervorgehoben. Zu den Plattformtypen wird eine grafische Grundlogik entwickelt, um die Typen besser differenzieren zu können (Abb. 2.12).

Zwei- bzw. mehrseitige Märkte: Beispiele für diesen Plattformtyp sind die Plattformen *Wer liefert was* oder *maschinensucher.de*. Es handelt sich hierbei um klassische Marktplätze bzw. Intermediäre, auf denen eine Vermittlung von Interaktion und Transaktion stattfindet. Auf diesen Plattformen ist die Kollaboration in der Regel unbestimmt. Das bedeutet, dass Akteure der Plattform zunächst nicht wissen, mit wem sie über die Plattform interagieren. Ein Matching findet auf der Plattform statt.

Service Plattformen: Beispiele für diese Plattformen sind Kollaborationsplattformen wie *Microsoft Teams*. Auch sie fungieren als Intermediäre und ermöglichen Interaktionen zwischen verschiedenen Akteuren. In diesem Fall ist die Kollaboration jedoch bestimmt. D. h. Akteure wissen in der Regel vor der Nutzung der Plattform, mit wem sie interagieren möchten. Anders als bei den zwei- bzw. mehrseitigen Märkten werden somit keine Matching-Mechanismen benötigt.

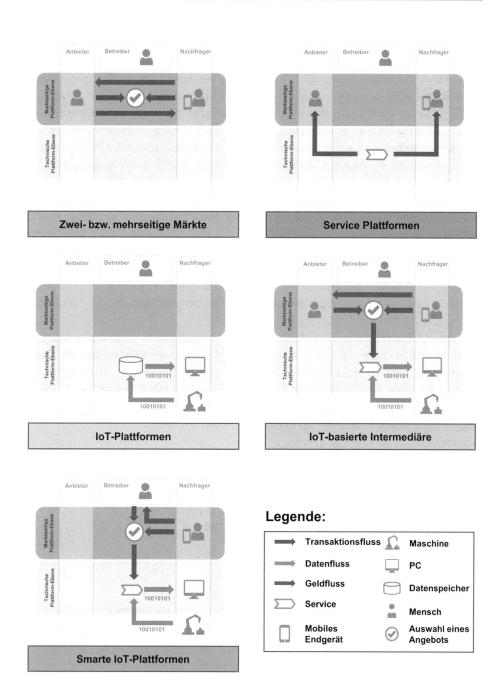

Abb. 2.12 Grundlogiken der verschiedenen Plattformtypen

IoT-basierte Intermediäre: Dieser Plattformtyp ist charakteristisch für den B2B-Bereich. Ein Beispiel für einen IoT-basierten Intermediär ist die Plattform *3YOURMIND* (siehe Erläuterungen in Abschn. 2.2.3). Auf *3YOURMIND* können Unternehmen Aufträge für Additive-Manufacturing platzieren, die von einem dezentralen Netzwerk an Produktionsstätten bearbeitet werden. Das Matching zwischen Auftraggeber und den Auftragnehmern erfolgt über eine Intermediärsplattform, die eine IoT-Plattform als technische Basis hat. Nur so können die Daten über die Produktionsauslastungen der Auftragnehmer ausgewertet werden und nur so kann ein Matching auf der Plattform erfolgen. IoT-basierte Intermediäre entsprechen somit der Logik zwei- bzw. mehrseitiger Märkte, nutzen jedoch zusätzlich als Schlüsselressource eine IoT-Plattform.

IoT-Plattformen: Die Plattformen entsprechen einer technischen Plattform. Hierbei handelt es sich um technische Infrastrukturen, die das Ziel haben, Daten von Geräten (Things) zu aggregieren, zu speichern und zu verarbeiten. IoT-Plattformen sind die technische Grundlage zur Realisierung von datenbasierten bzw. smarten Services. Sie können ebenfalls, wie zuvor beschrieben, die Grundlage für einen mehrseitigen Markt bilden. Beispiele für diese Art von Plattform sind *Microsoft Azure* oder *Amazon Web Services*.

Smarte IoT-Plattformen: Eine Ausbaustufe der IoT-Plattform stellt die smarte IoT-Plattform dar. Sie bietet nicht nur die technische Basis und die Kernservices zur Datenverarbeitung, sondern gleichzeitig bereits nutzenstiftende Services für den Kunden. Ein Beispiel für diese Art der Plattform ist die Plattform von *Heidelberger Druck*. Sie eröffnet Druckereien die Möglichkeit eigene Anwendungen zu entwickeln. Zusätzlich stellt *Heidelberger Druck* auch selbst Services auf der Plattform bereit.

Die differenzierte Betrachtung der Plattformtypen zeigt, dass digitale Plattformen sehr unterschiedlich ausgeprägt sein können. Diesen Umstand gilt es bei der Strategieentwicklung zu berücksichtigen und für verschiedene Plattformtypen eigene Strategieoptionen zu erarbeiten. Die Differenzierung der fünf Plattformtypen wird daher im weiteren Verlauf dieses Buchs als Grundlage vorausgesetzt.

2.4   Smart Services

Durch die fortschreitende Digitalisierung sowie den aufstrebenden Trend der Servitisierung ergeben sich für Unternehmen neue Geschäftspotenziale. Servitisierung beschreibt einen ökonomischen Paradigmenwechsel von einem sachleistungsorientierten hin zu einem dienstleistungsorientierten Kerngeschäft. So steht primär nicht mehr der Verkauf von Produkten, sondern die Wertschaffung beim Kunden im Mittelpunkt des unternehmerischen Handelns. In diesem Kontext gewinnen Smart Services an Bedeutung (Beverungen et al. 2019). Digitale Plattformen bieten als technische IoT-Plattformen die Möglichkeit Smart Services bereitzustellen und zu nutzen. Auf der anderen Seite erweitern Smart Services das

Angebot und den Nutzen von digitalen Plattformen durch die Nutzung der aggregierten Daten. Doch die Entwicklung und Erbringung solcher Services unterscheidet sich deutlich von klassischen Marktleistungen. Es bedarf einer systematisch geplanten Transformation vom klassischen Produkthersteller hin zum Smart Service Anbieter. Einerseits nimmt die technische Komplexität im Verhältnis zu klassischen Produkten zu. Anderseits bedarf es unter anderem neuer Kompetenzen (z. B. Data Analytics Kenntnisse), um Smart Services entwickeln und erbringen zu können. In den folgenden Abschnitten wird das grundlegende Verständnis über Smart Services geschärft. Ferner wird das Smart Service System sowie mögliche Funktionalitäten des Systems dargestellt. Im weiteren Verlauf der Abschnitte wird die inhaltliche Verknüpfung eines Smart Services und einer digitalen Plattform (als technische Plattform) erläutert. Abschließend werden benötigte Kompetenzen zur Realisierung eines Smart Services aufgezeigt.

2.4.1 Entwicklung zum Smart Service Anbieter

Durch einen sich verstärkenden globalen Wettbewerb und steigende Kundenanforderungen sehen sich viele Unternehmen gezwungen, ihre bestehenden Geschäftsmodelle und Leistungsportfolios strategisch weiterzuentwickeln. Zwei wesentliche Treiber dieser Weiterentwicklung sind die digitale Transformation und die zunehmende Ausrichtung am Kunden durch eine Dienstleistungsorientierung (Servitisierung) (Beverungen et al. 2018, 2020; Wolf et al. 2020). Die digitale Transformation ermöglicht den Paradigmenwechsel, indem Ressourcen (z. B. auch physische Sachleistungen wie Maschinen) digital mobilisiert und somit Teil vernetzter Wertschöpfung werden können, Leistungsprozesse komplexer und effizienter werden und neuartige Leistungen am Markt angeboten werden können (Pauli et al. 2020).

Smart Services führen beide Treiber zusammen und bauen auf Smart Products auf. Das Smart Product nimmt dabei die Rolle eines Schnittstellenobjekts (Boundary Object) zwischen Anbietern und Kunden in einem Dienstleistungssystem ein (Beverungen et al. 2019). Das Smart Product bildet somit die Grundlage für die Realisierung eines Dienstleistungssystems. Innerhalb dieses Systems betreiben Anbieter und Kunde gemeinsam Wertschöpfung.

In der traditionellen, produktorientierten Sicht auf die Wertschöpfung steht häufig die materielle Beschaffenheit einer Sachleistung im Fokus des Interesses, während die digitale Vernetzung des Produkts dessen Gebrauchswert aus Sicht des Kunden ergänzt. So kann bspw. eine Maschine Daten über ihre Systemzustände und ihre Verwendung zugänglich machen. Das ermöglicht die Umsetzung vorausschauender Instandhaltungsstrategien, wodurch die Total Cost of Ownership der Maschine gesenkt werden (Lüttenberg et al. 2018). Auch kann ein Anbieter – das Einverständnis des Kunden vorausgesetzt – Daten aus dem Produkt erhalten und diese analysieren. Dies hilft bei der Verbesserung der eigenen Produkte und Dienstleistungen und ermöglicht ein auf den Kunden individuell angepasstes Leistungsangebot.

Jenseits der individuellen Verwendung des digital-vernetzten Produkts entsteht der maßgebliche Mehrwert eines Smart Services erst dadurch, dass die Zusammenarbeit mehrerer Kunden und mehrerer Anbieter ermöglicht wird. Dies wiederum bildet die Grundlage völlig neuer Wertschöpfungssysteme, die ohne digital-vernetzte Produkte überhaupt nicht denkbar wären. So können basierend auf Daten aus der im Feld installierten Maschinen völlig neue Geschäftsmodelle, wie etwa nutzungsabhängige Geschäftsmodelle (sogenanntes Performance Contracting), in denen Kunden die Betriebsstunden der Maschinen zahlen, statt eine Maschine zu kaufen, realisiert werden (Backhaus et al. 2010).

Bei der Planung, Entwicklung, Erbringung und Abrechnung von Smart Services – auch Service Engineering genannt – rücken neue Prozesse, Rollen und Leistungsergebnisse in den Vordergrund. Ein Smart Service hat dabei keineswegs nur einen produkterweiternden Charakter. Vielmehr steht er für eine Transformation der gesamten Wertschöpfungslogik, um diese an den Kundenbedarfen und -anforderungen auszurichten. Daher müssen in den frühen Phasen der Entwicklung von Smart Services zunächst die genauen Kundenbedarfe erhoben werden. Erst danach kann eine Erweiterung des Leistungsportfolios und die Einführung der neuen Leistungen im Unternehmen erfolgen (vgl. hierzu DIN SPEC 33453).

2.4.2 Der Smart Service Stack

Die Erbringung von Smart Services erfordert ein umfassendes technisches Verständnis. Nach Porter und Heppelmann (2014) kann eine (IoT-)Plattform als technische Basis, d. h. Technologie-Stack, zur Erbringung von Smart Services in drei Schichten unterteilt werden (Abb. 2.13). Die erste Schicht im unteren Drittel der Abb. umfasst das digitalvernetzte Produkt mit den eingebetteten Sensoren, den Softwareanwendungen und den Kommunikationstechnologien. Darauf aufbauend beschreibt die zweite Schicht die Netzwerkanbindung der Produkte und die dritte Schicht die Produkt-Cloud bzw. Service-Cloud. Die Produkt-Cloud ist mit verschiedenen Datenbanken verbunden, durch die unternehmenseigene oder externe Daten in die Wertschöpfung einbezogen werden können. Die Gesamtarchitektur ist zudem von einer Identitäts- und Sicherheitsstruktur umgeben (Porter und Heppelmann 2014, 2015).

Die Weiterentwicklung der Kernkompetenz von der Produktexpertise zur digitalen Serviceexpertise stellt vor allem mittelständische Unternehmen vor große Herausforderungen (Demary et al. 2016). Viele Unternehmen verfügen nicht über die erforderlichen Management- und Technologiekompetenzen, um Smart Services zu realisieren. Vor allem Industrieunternehmen stellt dies vor neue Herausforderungen, da ihre bisherigen Geschäftsprozesse und Wertschöpfungssysteme überwiegend auf die Bereitstellung klassischer Produkte als Sachleistungen ausgerichtet sind. Für Smart Services notwenige Ressourcen und Kernkompetenzen müssen daher häufig ganz neu aufgebaut werden. Hierzu zählt vor allem die Bereitstellung einer technischen Infrastruktur, um die

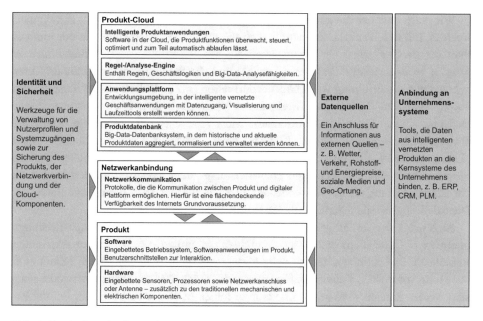

Abb. 2.13 Aufbau des Smart Service Stacks nach Porter und Heppelmann (2015)

digitale (IoT-)Plattform zu betreiben. Ebenso müssen Fähigkeiten in der Datenanalyse aufgebaut werden. Zudem sind in der Regel neue Wertschöpfungsprozesse und neue Anwendungssysteme notwendig (Porter und Heppelmann 2014).

Zu beachten ist ferner, dass das klassische Produktgeschäft durch Smart Services häufig nicht einfach erweitert werden kann, sondern vielmehr transformiert werden muss (Beverungen et al. 2021b, a). Das bedeutet, dass produzierende Unternehmen nicht weiterhin am klassischen Produktgeschäft ausgerichtet bleiben und gleichzeitig das volle Potenzial von Smart Services ausschöpfen können. Denn Fallstudien aus der Industrie zeigen, dass Smart Services auf das bisherige Geschäftsmodell zurückwirken und Zielkonflikte generieren können. Diese lassen sich wiederum erst durch eine Transformation der Wertschöpfungslogik auflösen (Wolf et al. 2020). Bspw. würde die Bereitstellung nutzungsabhängiger Geschäftsmodelle sicherlich nicht folgenlos für die Verkaufszahlen von Maschinen bleiben. Die Etablierung von Smart Services im Unternehmen ist daher explizit keine Erweiterung eines fortbestehenden produktorientierten Geschäfts, sondern erfordert die Transformation der Ressourcen, Geschäftsprozesse und Leistungsergebnisse. Durch diese Transformation soll erzielt werden, dass Sachleistungen nicht mehr das primäre Leistungsergebnis darstellen, sondern lediglich einen wichtigen Baustein im Leistungsportfolio des Unternehmens. Durch diesen transformativen Charakter muss die Planung, Entwicklung und Einführung von Smart Services sorgfältig und mithilfe etablierter Methoden (z. B. der DIN SPEC 33453) erfolgen (Wolf et al. 2020).

Wie auch bei der Investition in Plattform-Geschäftsmodelle ist ein Paradigmenwechsel Teil des Wandels, der häufig auch die etablierte Unternehmenskultur umfasst. Statt der Beschaffenheit der unternehmenseigenen Sachleistungen (*wir bieten unseren Kunden hochentwickelte Drehmaschinen an*) und des Produktportfolios, müssen Unternehmen nun die Erfüllung von Kundenbedürfnissen (*wir befähigen unsere Kunden dazu, hochspezialisierte Bauteile zu fertigen*) in den Vordergrund ihrer Überlegungen und ihres Handelns stellen. Diese lösungsorientierte Sichtweise entspricht auch dem inzwischen etwas weniger gebräuchlichen Konzept eines hybriden Leistungsbündels, einem „Leistungsbündel, das eine auf die Bedürfnisse des Kunden ausgerichtete Problemlösung darstellt, indem Sach- und Dienstleistungsanteile integriert werden, wobei die angestrebte Lösung die zu verwendenden und aufeinander abzustimmenden Sach- und Dienstleistungsanteile determiniert" (DIN PAS 1094).

Angesichts der vielfältigen Herausforderungen entlang des Wegs zu dienstleistungsorientierten Geschäftsmodellen sei empfohlen zu prüfen, ob bestimmte Aktivitäten, Ressourcen und Kompetenzen an neue Partner abgegeben werden sollten (Klein et al. 2018). Entsprechende Entwicklungsprozesse, die durch Wertschöpfungsnetzwerke realisiert werden können, sind in der Literatur zu finden (z. B. DIN PAS 1082). Bei der Zusammenarbeit mit Wertschöpfungspartnern muss dann insbesondere entschieden werden, wie Austauschbeziehungen und Geschäftsprozesse ausgestaltet werden und welche Daten bei der Nutzung von Smart Services über die technische Plattform geteilt werden sollen. Aus diesem Grund ist neben der Entwicklung neuer Sach- und Dienstleistungen auch der Kontext zu gestalten, in dem Unternehmen später gemeinsam mit ihren Kunden wertschaffend interagieren.

2.4.3 Smart Service als Teil des Smart Service Systems

Smart Services sind Teil eines übergeordneten Systems (Beverungen et al. 2017). „Das Smart Service System ist mit intelligenten Systemen ausgestattet, die physische und digitale Ereignisse erfassen und analysieren, Entscheidungen treffen sowie digitale und physische Aktionen ausführen können" (Koldewey 2021).

Die Konzipierung (Abb. 2.14) setzt sich aus der Kundenseite (links) und der Anbieterseite (rechts) zusammen. Beide Seiten bringen Aktivitäten und Ressourcen in das Smart Service System ein, um einen Gebrauchsnutzen zu extrahieren. Sie sind nach der Service-Blueprinting-Methode durch eine Interaktionslinie sowie zwei gepunktete Sichtbarkeitslinien voneinander getrennt. Die Interaktionslinie dient der Trennung der Aktivitäten von Kunden und Anbietern. Die Sichtbarkeitslinien stellen dar, welche Aktivitäten für den jeweils anderen Akteur sichtbar sind. Auf der Interaktionslinie und den Sichtbarkeitslinien liegt das Smart Product. Dieses enthält Sensorik, Informationsverarbeitung, Standardinformationen, ein Kommunikationssystem und Schnittstellen sowie Aktorik (Beverungen et al. 2019).

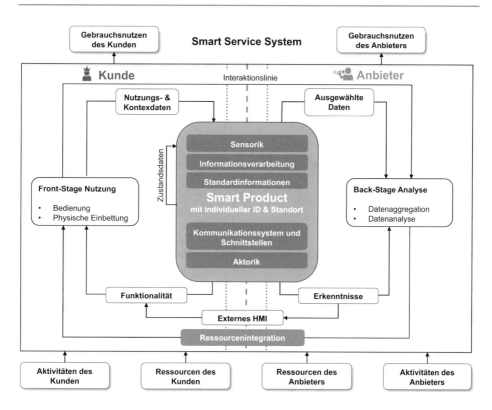

Abb. 2.14 Konzeptualisierung eines Smart Service Systems nach Beverungen et al. (2019) und Koldewey et al. (2020)

Das Smart Product stellt im Smart Service System das Boundary Object dar, da es an der Schnittstelle zwischen den Rollen *Kunde* und *Anbieter* positioniert ist und damit den Informations- und Wissensaustausch erleichtert. Während der Nutzer den Fokus auf die Nutzung des Smart Products (Front-Stage) legt, zielt der Anbieter auf dessen Optimierung ab (Back-Stage). Das Smart Product kann Nutzungs-, Kontext- und Zustandsdaten erfassen und bereitstellen. Im Betrieb werden diese Daten zur Reaktion auf Umfeld-, Zustands- und Nutzungsänderungen verwendet. Der Anbieter hingegen kann ausgewählte Daten dank der Vernetzung des Produkts für Back-Stage Analysen nutzen und ist hierbei nicht auf die Daten einer einzelnen Instanz beschränkt. Vielmehr kann der Anbieter die Daten der gesamten installierten Basis analysieren und so instanz-übergreifende Erkenntnisse generieren. Die Back-Stage Analysen und Erkenntnisse ermöglichen eine neue Funktionalität. Diese wird entweder über das Produkt selbst, oder über eine alternative Schnittstelle (externes Human Machine Interface (HMI)) erreicht und hat eine nutzenstiftende Wirkung auf die Front-Stage (Beverungen et al. 2019).

Smart Services können nach Paluch (2017) in Anlehnung an Porter und Heppelmann (2014) vier Leistungsstufen realisieren (s. Abb. 2.15).

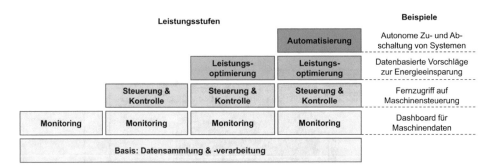

Abb. 2.15 Smart Service-Leistungsebenen nach Paluch (2017) in Anlehnung an Porter und Heppelmann (2014)

Monitoring: Monitoring ist die niedrigste Leistungsstufe. Smart Services aus dieser Stufe überwachen Daten und Umfeldfaktoren kontinuierlich und führen nur begrenzt Auswertungen durch. In der Regel handelt es sich um passive Smart Services, die die Nutzer des Kunden mit Informationen versorgen und Alarme auslösen können (Paluch 2017).

Steuerung und Kontrolle: Diese Leistungsstufe baut auf dem Monitoring auf. Derartige Smart Services können auf bestimmte Zustände mit einfachen Aktionen reagieren. Zum Teil können diese vom Nutzer bestimmt werden, z. B. durch mobile Endgeräte (Paluch 2017).

Leistungsoptimierung: Smart Services der Leistungsoptimierung können Anpassungen und Optimierungen des Produktverhaltens bezüglich dessen Umwelt vornehmen. Sie werden z. B. zur Steigerung der Effizienz und Nutzungsfreundlichkeit eingesetzt (Paluch 2017).

Automatisierung: Die höchste Leistungsstufe ergänzt die vorherigen Stufen um die Autonomie und befähigt die Smart Services somit zu einer Produktsteuerung, die von menschlicher Interaktion losgelöst ist (Paluch 2017).
Die Erschließung der Nutzenpotenziale der vorgestellten Leistungsstufen erfordert eine intelligente Analyse der vom Smart Product erfassten Daten. Wenn es sich hierbei um große Datenmengen handelt, ist von Big Data die Rede. Demchenko et al. (2014) zeigen mit ihrem 5 V-Modell, wie erzeugte Daten durch fünf Eigenschaften charakterisiert werden können:

1. **Volume** beschreibt die Größe der erzeugten Datenmengen.
2. **Velocity** drückt die hohe Geschwindigkeit der Datenerzeugung und -verarbeitung aus.
3. Der Heterogenität der Daten wird mit der Eigenschaft **Variety** Rechnung getragen.

4. **Veracity** repräsentiert die Vertrauenswürdigkeit und Konsistenz der Daten.
5. Der Mehrwert der gesammelten Daten für die Nutzung wird über den **Value** beschrieben.

Die Erzielung des Mehrwerts aus Big Data ist die Aufgabe der Datenanalyse. Für diese existieren zahlreiche Vorgehensweisen. Eine auch in der Praxis etablierte Lösung ist das CRISP-DM-Referenzmodell nach Reimann (2016) für Data Mining. Es umfasst sechs Phasen: Verstehen der Domäne, Verstehen der Daten, Datenvorverarbeitung, Modellierung, Evaluation und Nutzung (Shearer 2000; Wirth und Hipp 2000). Für das produzierende Gewerbe wird das Modell nach Reimann (2016) um die Datenakquise erweitert.

Die Art der Datenanalyse kann anhand von vier Stufen unterschieden werden. In deskriptiven Analysen wird die Frage *Was ist passiert?* untersucht. Diagnostische Analysen befassen sich mit der Frage *Warum ist es passiert?* Die Vorhersage von Ereignissen im Sinne der Frage *Was wird passieren?* wird durch prädiktive Analysen verfolgt. Zur Entscheidungsunterstützung oder -automatisierung können darüber hinaus präskriptive Analysen zur Beantwortung der Frage *Was ist zu tun*? eingesetzt werden.

Im Allgemeinen (Abb. 2.16) können grundlegende (einfache Analysen der Daten) und tiefergehende Erkenntnisse (komplexere Analysen diverser Datenquellen) generiert werden (Porter und Heppelmann 2015).

2.4.4   Vom Smart Service zur digitalen Plattform

Vor allem in industriellen Kontexten des B2B-Bereichs, die stark durch das Vorhandensein der Smart Products geprägt sind, kann die erfolgreiche Etablierung von Smart Services ein maßgeblicher Zwischenschritt auf dem Weg zur Etablierung digitaler Plattformen sein (Beverungen et al. 2020; Lüttenberg et al. 2021).

Ausgehend von dem etablierten Konzept des Smart Service Systems existieren drei verschiedene Strategien, Smart Services zum Eintritt in die Plattformökonomie zu nutzen (als plattformbasiertes Smart Service System). Abgestimmt auf die in Abschn. 2.3.2 eingeführten Plattformtypen umfassen diese

- die Etablierung einer smarten IoT-Plattform (im Folgenden auch Smart Data Plattform), auf denen Daten aus Smart Products gesammelt, abstrahiert und zur Analyse zur Verfügung gestellt werden.
- das Erlauben eines direkten Zugriffs der Plattformteilnehmer auf maschinenspezifische Daten im Feld auf Grundlage einer IoT-Plattform (hier Smart Product Plattform).
- die Etablierung einer Intermediärsplattform, auf der Kundenbedarfe gezielt mit den Smart Services und anderen Leistungen Dritter in Verbindung gebracht werden, um Kunden ein besseres Leistungsversprechen zu bieten, das die Eigenschaften physischer Produkte erweitert.

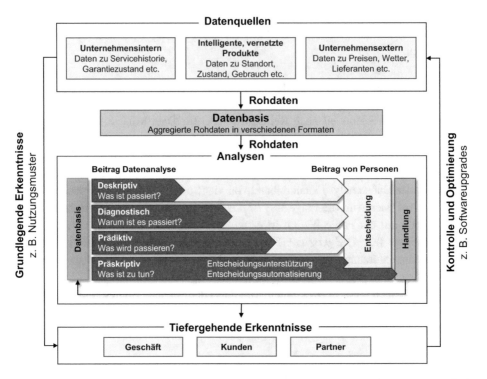

Abb. 2.16 Datenanalyse im Kontext von Smart Products nach Porter und Heppelmann (2015) sowie Stufenmodell nach Steenstrup et al. (2014), Abbildung in Anlehnung an Koldewey (2021)

Unternehmen sollten eine dieser Strategien umsetzen, sofern sie sich von einem Smart Services Anbieter zum Plattformbetreiber weiterentwickeln wollen. Alternativ kann eine Strategie auch darin bestehen, als Drittanbieter auf der Plattform eines anderen Unternehmens Smart Services zu platzieren oder aber gar nicht an der Plattformökonomie teilzunehmen.

Sollte ein Unternehmen beabsichtigen die eigenen Smart Services in der Plattformökonomie zu etablieren, stellt sich auch hier zunächst die Frage, ob hierzu eine eigene Plattform, d. h. ein eigenes plattformbasiertes Smart Service System, aufgebaut oder aber eine Leistung (Smart Service) auf der Plattform eines anderen Unternehmens angeboten werden soll. Diese Frage ist sorgfältig zu beantworten, da die Öffnung eines Leistungsportfolios hin zu einer eigenen Plattform zu großem Markterfolg führen kann. Gleichzeitig zeigt der Blick auf den B2B-Bereich aber auch, dass, anders als im B2C-Bereich, eine große Anzahl digitaler Plattformen bislang durchaus unprofitabel gescheitert sind oder nicht auf Dauer am Markt zu platzieren waren (Spinnler 2021; Lüttenberg et al. 2021; Parker et al. 2017).

Zu bewerten ist also, ob die Etablierung einer eigenen Plattform zu einem langfristig verteidigungsfähigen, strategischen Wettbewerbsvorteil führen kann. Eine Orientierungshilfe dazu bietet der *komparative Konkurrenzvorteil* (KKV) (Backhaus et al. 2010). Der KKV legt dar, dass ein erfolgreiches Geschäftsmodell auf der einen Seite zu bedeutsamen Kundenmehrwerten führen muss, die auch als solche wahrgenommen werden. Auf der anderen Seite muss ein Plattform-Geschäftsmodell sowohl wirtschaftlich als auch langfristig verteidigungsfähig sein. Im industriellen Kontext hängt dies nicht zuletzt auch mit dem Wesen der Produkte zusammen, die ein Unternehmen anbietet. So gelingt einem Komponentenhersteller die Behauptung einer digitalen Plattform am Markt z. B. dann nicht, wenn sich der Hersteller der übergeordneten Maschinen ebenfalls für die Etablierung einer eigenen Plattform entscheidet. Denn aus Sicht des Kunden wäre es dann sinnvoll, das gesamte Produkt (und nicht einzelne Komponenten) als den maßgeblichen digitalen Aggregationspunkt in seinem Unternehmen zu begreifen.

Fällt die Entscheidung für den Ausbau eines Smart Service Angebots zu einer eigenen, digitalen und für weitere Akteure offenen Plattform, stehen drei strategische Optionen zur Verfügung (Tab. 2.1). Diese basieren auf drei aus Abschn. 2.3.2 ausgewählten Plattformtypen (Lüttenberg et al. 2021; Beverungen et al. 2020).

Smart Data Plattform (Smarte IoT-Plattform): Erstens kann eine Datenplattform bereitgestellt werden, mit deren Hilfe Daten aus Smart Products aus dem Feld zusammengetragen, anonymisiert und aufbereitet werden. Anschließend werden diese Daten externen Akteuren zur Verfügung gestellt. So ist es für diese nicht möglich, eine direkte Verbindung zu einzelnen Maschinen oder Anlagen herzustellen und basierend auf diesen Einsichten mit eigenen Leistungsangeboten auf bestimmte Kunden zuzugehen. Vielmehr wird den externen Akteuren die Möglichkeit eröffnet, der Nutzerbasis insgesamt digitale Leistungen anzubieten, die zwar mit den entsprechenden Produkten und ihrer Benutzung in Verbindung stehen, jedoch nicht auf die Situation einzelner Kunden abgestimmt werden. So behält der Plattformbetreiber allein den direkten Zugang zu der Nutzerbasis. Dritte Produzenten hingegen bieten ergänzende Leistungen an, die den Mehrwert der Leistungen steigern.

Smart Product Plattform (IoT-Plattform): Sollten Daten direkt aus spezifischen Maschinen verfügbar gemacht werden, kommt die Etablierung einer Smart Product Plattform infrage. Diese Plattform stellt Daten auf einer individuellen Maschinenebene bereit, sodass diese Daten zur Erstellung individueller Leistungen genutzt werden können. Dritte Akteure könnten so z. B. Maschinenzustände nachverfolgen und deutlich passgenauere Leistungen anbieten, die durch einen höheren Nutzen auch zu einer höheren Zahlungsbereitschaft führen können (Backhaus et al. 2010). Während der Plattformbetreiber so die Wertschaffung und Wertaneignung seiner Leistungen verbessern kann, entsteht gleichzeitig ein Risiko. Dieses äußert sich dadurch, dass Dritte auch ohne die Einflussnahme des Plattformbetreibers direkt auf dessen Kunden zugehen können und ihre Leistungen anbieten. Durch die mindestens teilweise einhergehende Preisgabe der Kundenschnittstelle ist diese Option auf Dauer daher als weniger gut verteidigungsfähig anzusehen, auch wenn sie kurz- und mittelfristig mehr Vorteile in der Schaffung bedeutsamer und wahrgenommener Wettbewerbsvorteile einbringen mag.

Intermediärsplattform: Ein Unternehmen kann sich auch dazu entscheiden, die Daten der eigenen Produkte gar nicht für Drittanbieter verfügbar zu machen und stattdessen eine reine Intermediärsplattform zu etablieren. Das bedeutet, dass der Plattformbetreiber zwar weiterhin seine bisherigen Produkte und Dienstleistungen am Markt anbietet, jedoch zusätzlich eine Plattform etabliert, die mit den Kernleistungen des Unternehmens und den generierten Daten nicht in einer unmittelbaren Beziehung steht (Beverungen et al. 2020)

2.4.5 Kompetenzen eines Smart Service Anbieters und Plattformbetreibers

Die immer kürzeren Innovationszyklen und das Aufkommen neuer digitaler Technologien machen es erforderlich, bewährte Konzepte für die Serviceinnovation zu überdenken. In sich schnell verändernden Ökosystemen stehen Unternehmen unter dem Druck, neue Marktchancen zu erforschen und gleichzeitig ihr bestehendes Portfolio zu erweitern. Diese simultane Innovationsstrategie wird als ambidextre („beidhändige") Innovation bezeichnet. Die wichtigsten Triebkräfte für Innovation sind der Erwerb und die Umsetzung von organisatorischen und individuellen Fähigkeiten. Beide sind für die Transformation von Ideen in innovative Services und die Schaffung von Wert für Organisationen und Kunden von wesentlicher Bedeutung und stellen daher wichtige Voraussetzungen für die Bewältigung der Komplexität der ambidextren Serviceinnovation dar (Beverungen et al. 2021b).

Smart Services stellen eine solche beschriebene Erweiterung des Produktportfolios dar. Doch nach den Erkenntnissen von Harland et al. (2017) weisen Unternehmen in der Planung, Entwicklung, Erbringung und Abrechnung – den sogenannten Hauptprozessen – von Smart Services deutliche Defizite auf (Harland et al. 2017). Die Erfassung von Kundenbedürfnissen stellt für Unternehmen eine große Herausforderung in der Planung von Smart Services dar (Grubic 2014). Zudem fehlt es Unternehmen an geeignetem Methoden- und Gestaltungswissen zur Entwicklung von derartigen Smart Services (Klein 2017). Oftmals schaffen es Unternehmen nicht, potenziellen Kunden das Nutzenversprechen und damit den Mehrwert erfolgreich zu kommunizieren. Darum ist es wichtig, dass das Nutzenversprechen über die Plattform beworben wird oder der hauseigene Vertrieb entsprechende Fähigkeiten aufbaut. Eine wesentliche Eigenschaft von Smart Services ist es, dass ein eigenständiges Geschäftsmodell benötigt wird (Acatech 2015). Dadurch unterscheidet sich insbesondere die Erlösstruktur von Smart Services zum klassischenm Produktverkauf. Typische Erlösmodelle von digitalen Services, wie Pay per Use oder Freemium, erfordern eine Preisumstrukturierung sowie eine automatisierte Abrechnungslogik (Acatech 2015). Die hier exemplarisch dargestellten Problematiken in

Tab. 2.1 Strategien zum Ausbau von Smart Services zur digitalen Plattform

Eigenschaft	Option 1: Smart Data Plattform (Smarte IoT-Plattform)	Option 2: Smart Product Plattform (IoT-Plattform)	Option 3: Intermediärsplattform
Zugriff (Offenheit)	Ein Plattformbetreiber hat vollen Zugriff auf Felddaten, die aus den Maschinen ausgelesen werden. Nutzer erhalten Zugriff auf alle aggregierten Daten, um gemeinsam Wert zu schaffen und eigene Wertversprechen zu optimieren	Ein Plattformbetreiber steuert, welche Daten aus den Maschinen ausgelesen werden. Nutzer erhalten Zugriff auf ausgewählte Daten, um gemeinsam Wert zu schaffen und das Smart Product für die Plattformfunktionalitäten zu optimieren	Produzenten von Smart Services greifen direkt auf Konsumenten-Daten zu. Der Plattformbetreiber gestaltet die Benutzeroberfläche der Nutzer. Die Plattform bietet keine Schnittstelle mit einem Smart Product und somit keine Möglichkeit zum Abrufen oder Auswerten von Felddaten
Anbindung	Konsumenten der Plattform müssen eine Maschine kaufen oder mieten und dem Plattformbetreiber das Abrufen ihrer Felddaten erlauben. Produzenten von Smart Services müssen Informationssysteme und Schnittstellen zur Analyse dieser Daten einrichten. Das ermöglicht ihnen das Schaffen eines Mehrwerts für die Konsumenten und den Plattformbetreiber	Konsumenten der Plattform müssen eine Maschine kaufen oder mieten und es dem Plattformbetreiber erlauben, ihre Felddaten abzurufen. Produzenten von Smart Services müssen Schnittstellen einrichten, um Daten abzurufen und zu analysieren, Maschinen zu steuern und Mehrwerte zu generieren. Auch müssen sie die vom Plattformbetreiber zugrunde gelegten Regeln zu den Zugriffsrechten befolgen	Interaktionen sind marktbasiert und gehen mit geringen Investitionen in die IT einher. Auch werden Investitionen in Hinsicht auf die Verbesserung von Kundenbeziehungen, Markenmanagement, Qualitätsimage und Wettbewerbsfähigkeit des Wertversprechens aller Beteiligten getätigt. Gemeinsam wird durch starke Beziehungen Wert zwischen Konsumenten und Produzenten geschaffen
Direkte Interaktion	Konsumenten und Produzenten interagieren direkt und schaffen gemeinsam Wert (z. B. datengesteuerte Produktionsplanung), basierend auf der Nutzung aggregierter Daten, die von der Plattform bereitgestellt werden	Konsumenten und Produzenten interagieren direkt und schaffen gemeinsam Wert (z. B. individuelle Wartungsvorhersage zu Maschinen). Produzenten können Anlagen per Fernsteuerung neu konfigurieren oder Updates durchführen, sofern dies erlaubt wird	Konsumenten und Produzenten interagieren direkt unter der Vermittlung des Produzenten, ohne Maschinendaten einzubeziehen (z. B. zur Prozesszertifizierung für die Nutzung von Maschinen oder zur Schulung des Personals)

(Fortsetzung)

Tab. 2.1 (Fortsetzung)

Eigenschaft	Option 1: Smart Data Plattform (Smarte IoT-Plattform)	Option 2: Smart Product Plattform (IoT-Plattform)	Option 3: Intermediär-splattform
Netzwerk-effekte	Direkte und indirekte Netzwerkeffekte können sich sowohl aus den Datenmengen ergeben, die durch die Plattform bereitgestellt werden, als auch durch die Leistungen der Produzenten. Zusätzliche Wertversprechen erhöhen die Attraktivität, Leistungen beim Platt-formbetreiber zu beziehen	Direkte und indirekte Netzwerkeffekte bil-den sich auf Basis der Datenmenge, die auf Maschinenebene erzeugt werden und durch die Wertversprechen der Produzenten. Zusätzliche Wertversprechen erhöhen die Attraktivität Leis-tungen beim Plattform-betreiber zu beziehen	Direkte und indirekte Netzwerkeffekte bilden sich aus der Anzahl und Varietät der Konsumenten und Produzenten, die der Plattform beitreten und aktiv zur kooperativen Wertschaffung beitragen. Zusätzliche Wertver-sprechen erhöhen die Attraktivität, Leistungen beim Produzenten zu be-ziehen

den einzelnen Hauptprozessen eines Smart Services verdeutlichen, dass insbesondere in den internen Geschäftsprozessen, aber auch bei den notwendigen Kompetenzen, Unklarheiten bei Unternehmen herrschen.

Zur Bestimmung einer prozessualen Abfolge zur Einführung eines Smart Services im vollen Umfang eignet sich die Erarbeitung einer Prozesslandschaft. Das sogenannte Smart Service Referenzmodell, entwickelt von Frank et al. (2020), beinhaltet eine bereits definierte Abfolge von generischen Prozessschritten zur Planung, Entwicklung, Erbringung und Abrechnung von Smart Services. Dabei werden die einzelnen Prozessschritte definiert und unter anderem methodische Ansätze und IT-Systeme vorgeschlagen. Somit erhalten Unternehmen einen Leitfaden zur Gestaltung und Inbetriebnahme von Smart Services (Frank et al. 2020).

Für einen weitreichenden Überblick bezüglich der benötigten Kompetenzen zur Realisierung von Smart Services liefert das DigiBus-Projekt zusätzlich Ergebnisse einer Expertenbefragung. Die Expertenbefragung identifiziert die erforderlichen Fähigkeiten und fasst sie in einer Matrix zusammen (Abb. 2.17). Die Matrix ist anhand verschiedener Dimensionen strukturiert. Zum einen wird zwischen persönlichen und organisatorischen Fähigkeiten unterschieden, die wiederum entweder für die Erforschung neuer Marktchancen (Exploration), der inkrementellen Weiterentwicklung bestehender Leistungsangebote (Exploitation) oder der ambidextren Innovation (gleichzeitige Durchführung von Exploration und Exploitation) erforderlich sind. Eine weitere Dimension der Matrix bilden die Phasen des oben beschriebenen Service Entwicklungsprozesses in Anlehnung an die DIN SPEC 33.453. Hier werden die Phasen Analyse, Design und Implementierung unterschieden. In der Analyse-Phase erfolgen die Identifizierung und Bewertung von Ideen unter Berücksichtigung der strategischen Ausrichtung des Unternehmens. Die

		Analyse	Design	Implementierung	Management
Persönliche Fähigkeiten	Exploration	• Visionäres Denken • Digitalisierungs-Know-how • Kreativität	• Fehlerbereitschaft • Konzeptionierungs-kompetenz • Zielbewusstsein	• Umsetzungsstärke • Argumentationsfähigkeit	• Analytische Fähigkeiten • Verhandlungsfähigkeit • Authentizität
	Exploitation	• Experimentierfreude • Fähigkeit zur Reflexion • Anpassungsfähigkeit	• Technische Kompetenz • Reflexionsfähigkeit • Analytisches Denken	• Durchsetzungsvermögen • Ausdauer	• Analytische Fähigkeiten • Sorgfalt • Durchhaltevermögen
	Ambidextre Innovation	• Empathie • Komplexität bewältigen • Vernetzungsfähigkeit	• Vernetztes Denken • Strukturierungsfähigkeit • Organisationsfähigkeit	• Umsetzungsstärke • Leistungsbereitschaft • Wirtschaftliches Denken	• Emotionale Intelligenz • Konfliktmanagement • Kontrollfähigkeit
Organisatorische Fähigkeiten	Exploration	• Offenheit • Ideenkanalisierung • Risikobereitschaft	• Business Agility • Befreiung von operativen Geschäftszielen • End-to-end Perspektive	• Prozessstandardisierung • Innovativer Marketing Mix • Technologische Expertise	• Investitionsbereitschaft • Benchmarking Fähigkeit • Serviceorientierung
	Exploitation	• Dynamik • Veränderungsbereitschaft • Modularisierung (existierender) Services	• Handlungsfreiheit • Reflexionsfähigkeit • Vernetzung im Ökosystem	• Entscheidungsspielräume für Mitarbeiter • Lean Management • Strukturintegration	• Ressourcenverfügbarkeit • Effiziente Prozesse • Serviceorientierung
	Ambidextre Innovation	• Unternehmerische Kultur • Flexibilität • Wissensmanagement	• Innovationsförderung • Prozessorientierung • Eigenverantwortung und Vertrauen in Mitarbeiter	• Prozessintegration • Flexible Strukturen • Mut	• Unterstützung durch Topmanagement • Organisatorische Aufstellung • Koexistenzfähigkeit

Abb. 2.17 Kompetenzmatrix für ambidextre Innovation von digitalen Dienstleistungen

sich anschließende Design-Phase beschreibt die zyklische Entwicklung und Überprüfung der digitalen bzw. Smart Services auf Basis von Prototypen. Die dritte und letzte Phase, die Implementierungsphase, umfasst die technische (Infrastruktur- und Datenmanagement-Ebene) und organisatorische (Community-Ebene) Verankerung des neu entwickelten Angebots im Unternehmen, sodass es am Markt platziert und mit mehreren Kunden erbracht werden kann.

Zusätzlich zu den drei Phasen betrachtet die Expertenbefragung noch die Phase des Service-Managements (Management), mit dem Anspruch, ein möglichst umfassendes Ergebnis zu bieten. Das Management des Leistungsangebots erfolgt im laufenden Betrieb und umfasst bspw. die Vermarktung, Leistungserbringung sowie die Überwachung der Leistungserbringung.

Aus der Matrix (Abb. 2.17) lassen sich vier allgemeine Erkenntnisse ableiten: Erstens variieren die identifizierten Fähigkeiten je nach der Phase des Innovationsprozesses und des Innovationstypen, wodurch jeweils bestimmte Fähigkeiten relevanter werden als andere. Lediglich Kundenorientierung und (Projekt-) Managementfähigkeiten sind für alle Phasen und Arten von Innovationen unerlässlich. Zweitens sind für die Entwicklung neuer Smart Services, wie auch bei der Entwicklung von oder der späteren Öffnung hin zu digitalen Plattformen, Fähigkeiten entscheidend, die eine radikale Innovation ermöglichen. Zu diesen Fähigkeiten gehören z. B. Agilität, Aufgeschlossenheit und die Bereitschaft zum Scheitern. Drittens sind für die Weiterentwicklung bestehender Services und die Steigerung der Effizienz solche Fähigkeiten erforderlich, die die Mitarbeiter in die Lage versetzen, Innovationen bottom-up zu entwickeln. Dazu gehören Handlungsfreiheit und Sorgfalt. Viertens erfordert ambidextre Innovation Fähigkeiten zur Koordination und zum Umgang mit Komplexität, aber auch integriertes Denken, Flexibilität und Einfühlungsvermögen.

Auf der Grundlage der Matrix können Unternehmen nun den Innovationsprozess operationalisieren, verbessern und die Verfügbarkeit von erforderlichen Fähigkeiten in Abhängigkeit der jeweiligen Entwicklungsphasen planen und umsetzen. Dabei sind die Fähigkeiten als stets komplementär zu betrachten, wenn sie auf dem Weg eines Unternehmens vom Produktverkäufer zum Smart Service Anbieter und Plattformbetreiber eingesetzt werden.

Literatur

Acatech (2015) – National Academy of Science and Engineering, Smart Service Welt – Umsetzungsempfehlungen für das Zukunftsprojekt Internetbasierte Dienste für die Wirtschaft, Final Report, Berlin

Backhaus, K.; Becker, J.; Beverungen, D.; Frohs, M.; Knackstedt, R.; Müller, O.; Steiner, M.; & Weddeling, M. (2010) Vermarktung hybrider Leistungsbündel — Das ServPay Konzept. Berlin, Heidelberg: Springer, S. 143 ff.

Benner, M. J.; Tushman, M. L. (2014) Reflections on the 2013 Decade Award "Exploitation, Exploration, and Process Management: The Productivity Dilemma Revisited" Ten Years Later. Academy of Management Review, Vol. 40, Iss. 4, S. 497–514

BERG, A. (2019) Digitale Plattformen. Bitkom Research

Beverungen, D.; Matzner, M.; Janiesch, C. (2017) Information systems for smart services. Information Systems and e-Business Management, (15), S. 781–787

Beverungen, D.; Wolf, V.; & Bartelheimer, C. (2018) Digitale Transformation von Dienstleistungssystemen. In Service Business Development, S. 395–422, Springer Gabler, Wiesbaden

Beverungen, D.; Müller, O.; Matzner, M.; Mendling, J.; vom Brocke, J. (2019) Conceptualizing Smart Service Systems. Electronic Markets, 29(1), S. 7–18

Beverungen, D.; Kundisch, D.; & Wünderlich, N. (2020) Transforming into a platform provider: strategic options for industrial smart service providers. Journal of Service Management

Beverungen, D.; Kundisch, D.; Wünderlich, N.V. (2021) Transforming into a Platform Provider: Strategic Options for Industrial Smart Service Providers. Journal of Service Management, 32(4), S. 507–532

Beverungen, D.; Wolf, V.; Bartelheimer, C.; Franke, A. (2021) 1 Digitale Transformation von Dienstleistungssystemen – beidhändige Innovationen für vernetzte Wertschöpfungsszenarien. In: Beverungen, D.; Schumann, J.-H.; Stich, V.; Strina, G. (2021) Dienstleistungsinnovationen durch Digitalisierung Band 2: Prozesse – Transformation – Wertschöpfungsnetzwerke. Springer Gabler, Wiesbaden, S. 3–41

BMWi (2016) Grünbuch Digitale Plattformen, Berlin

Boudreau, K.J.; Hagiu, A. (2009) Platform rules: multi-sided platforms as regulators. In: Gawer, A. (ed.) Platforms, markets and innovation, S. 163–191. Edward Elgar Publishing

Bughin, J.; Catlin, T.; Dietz, M. (2019) The right digital-platform strategy. McKinsey Quarterly, 2, S. 1–4

Demary, V.; Engels, B.; Röhl, K. H.; Rusche, C. (2016) Digitalisierung und Mittelstand: Eine Metastudie (Nr. 109). IW-Analysen

Demchenko, Y.; De Laat, C.; Membrey, P. (2014) Defining architecture components of the Big Data Ecosystem. In 2014 International conference on collaboration technologies and systems CTS, IEEE, S. 104–112

Deutsches Institut für Normung e.V. (2019) DIN SPEC 33453: Entwicklung digitaler Dienstleistungssysteme, Beuth Verlag GmbH, Berlin

DIN Deutsches Institut für Normung e. V. (2019) Entwicklung digitaler Dienstleistungssysteme, Beuth Verlag GmbH, Berlin

DIN Deutsches Institut für Normung e. V. (2017) Keramische feuerfeste Produkte, Beuth Verlag GmbH, Berlin

DIN Deutsches Institut für Normung e. V. (2009) Hybride Wertschöpfung – Integration von Sach- und Dienstleistungen, Beuth Verlag GmbH, Berlin

Dremel, C.; Herterich, M. (2016) Digitale Cloud-Plattformen als Enabler zur analytischen Nutzung von operativen Produktdaten im Maschinen- und Anlagenbau. Springer, Wiesbaden

Dumitrescu, R.; Wortmann, F. (2018) Die Märkte von morgen handeln Daten. Warum sich der Mittelstand positionieren sollte. RKW Magazin. Ausgabe 3

Eisenmann, T. R.; Parker, G.; van Alstyne, M. (2006) Strategies for two-sided markets. Harvard Business Review, Ausgabe 1463

Engelhardt, S.; Wangler, L.; Wischmann, S. (2017) Eigenschaften und Erfolgsfaktoren digitaler Plattformen. Begleitforschung AUTONOMIK für Industrie 4.0

Engels, G.; Plass, C.; Rammig, F.-J. (2018) IT-Plattformen für die Smart Service Welt. Verständnis und Handlungsfelder. Acatech DISKUSSION

Evans, P. C.; Gawer, A. (2016) The Rise of the Platform Enterprise. A global Survey. The Center of Global Enterprise

Frank, M.; Gausemeier, J.; Hennig-Cardinal von Widdern N.; Koldewey C.; Menzefricke J.S.; Reinhold, J. (2020) A reference process for the Smart Servicebusiness: development and practical implications. In: Proceedings of the ISPIM connects

Gawer, A. (2009) Platforms, Market and Innovation. Edward Elgar Publishing, Cheltenham

Grubic, T. (2014) Servitization and Remote Monitoring Technology, Journal of Manufacturing Technology Management, 25 (1), S. 100–124

Harland, T.; Husmann, M.; Jussen, P., Kampker, A.; Stich, V. (2017) Sechs Prinzipien für datenbasierte Dienstleistungen in der Industrie. Smart Services und Internet der Dinge: Geschäftsmodelle, Umsetzung und Best Practices, 55–90.

Hagiu, A.; Wright, J. (2015) Multi-sided Platforms. International Journal of Industrial Organization, Ausgabe 43, S. 162–174

Herda, N.; Friedrich, K.; Ruf, S. (2018) Plattformökonomie als Game-Changer – Wie digitale Plattformen unsere Wirtschaft verändern: Eine strategische Analyse der Plattformökonomie. Strategie Journal, Heft 03–18

Jaekel, M. (2017) Die Macht der digitalen Plattformen. Springer, Wiesbaden

Klein, M. M. (2017) Design Rules for Smart Services: Overcoming Barriers with Rational Heuristics, Dissertation, St. Gallen, Universität St. Gallen

Klein, M. M.; Biehl, S. S.; Friedli, T. (2018) Barriers to smart services for manufacturing companies–an exploratory study in the capital goods industry, Journal of Business & Industrial Marketing

Koenen, J.; Falck, O. (2020) Industrielle Digitalwirtschaft–B2B-Plattformen. Studie im Auftrag des Bundesverbands der Deutschen Industrie eV, ifo Institut, München

Koenen, T.; Heckler, S. (2020) German Digital B2B Platforms - Building on Germany's industrial strength. Supporting an ecosystem for B2B platforms

Koldewey, C. (2021) Procedure for the Development of Smart Service-Strategies in Manufacturing, Dissertation, Faculty for Engineering, Universität Paderborn, Paderborn

Koldewey, C.; Gausemeier, J.; Chohan, N.; Frank, M.; Reinhold, J.; Dumitrescu, R. (2020) Aligning Strategy and Structure for Smart Service Businesses in Manufacturing: In: 2020 IEEE International Conference on Technology Management, Operations and Decisions (ICTMOD). IEEE International Conference on Technology Management, Operations and Decisions (ICTMOD), Marrakesch, Marokko

Krause, T.; Strauß, O.; Gabriele, S.; Kett, H.; Lehmann, K. Renner, T. (2017) IT-Plattformen für das Internet der Dinge (IoT), Fraunhofer Verlag

Kühn, A.; Joppen, R.; Reinhart, F.; Röltgen, D.; Enzberg, S.; Dumitrescu, R. (2018) Analytics Canvas. A Framework for the Design and Specification of Data Analytics Projects. 28. CIRP Design Conference

Lerch, C.; Meyer, N.; Horvat, D.; Jackwerth-Rice, T.; Jäger, A.; Lobsinger, M.; Weidner, N. (2019) Die volkswirtschaftliche Bedeutung von digitalen B2B-Plattformen im Verarbeitenden Gewerbe, Fraunhofer-Institut für System-und Innovationsforschung ISI im Auftrag des BMWi, Berlin

Lichtblau, K. (2019) Plattformen – Infrastruktur der Digitalisierung, Vbw, München

Lüttenberg, H.; Beverungen, D.; Poniatowski, M.; Kundisch, D.; Wünderlich, N. V. (2021) Drei Strategien zur Etablierung digitaler Plattformen in der Industrie. Wirtschaftsinformatik & Management, 13(2), S. 120–131

Lüttenberg, H., Wolf, V., & Beverungen, D. (2018) Service (Systems) Engineering für die Produktion. In: Service Engineering, S. 31–49

North, D. C. (1987) Intitutions, transaction costs and economic growth. Economic Inquiry, Vol. 25, Ausgabe 3, S. 419–428

Obermaier, R. (2019) Handbuch Industrie 4.0 und Digitale Transformation. Springer Fachmedien Wiesbaden, Wiesbaden

Paluch, S. (2017) Smart Services: Analyse von strategischen und operativen Auswirkungen", Dienstleistungen 4.0: Geschäftsmodelle – Wertschöpfung – Transformation, Wiesbaden: Springer Gabler

Parker, G.; van Alstyne, M.; Choudary, S. P. (2016) Platform Revolution - How networked markets are transforming the economy - and how to make them work for you, W.W. Norton & Company, New York, London

Parker, G. G.; Van Alstyne, M. W.; Choudary, S. P. (2017) Die Plattform-Revolution: Von Airbnb, Uber, PayPal und Co. lernen: Wie neue Plattform-Geschäftsmodelle die Wirtschaft verändern. MITP-Verlags GmbH & Co. KG

Parker, G.; van Alstyne, M. (2018) Innovation, Openness, and Platform Control, Management Science, Vol. 64, Iss. 7, S. 3015–3032

Parson, C.; Leutiger, P.; Lang, A.; Born, D. (2016) Fair Play in der digitalen Welt - Wie Europa für Plattformen den richtigen Rahmen setzt, Roland Berger, München

Pauli, T.; Marx, E.; Matzner, M. (2020) Leveraging Industrial IoT Platform Ecosystems: Insights from the Complementors' Perspective

Plass, C. (2018) Wie digitale Geschäftsprozesse und Geschäftsmodelle die Arbeitswelt verändern, Springer, Wiesbaden

Poniatowski, M.; Lüttenberg, H.; Beverungen, D.; Kundisch, D. (2021) Three layers of abstraction: a conceptual framework for theorizing digital multi-sided platforms. Information systems and e-business management, S. 1–27

Porter, M. E.; Heppelmann, J. E. (2014) Wie Smarte Produkte den Wettbewerb verändern. Harvard Business Manager, (36), S. 34–60

Porter, M. E.; Heppelmann, J. E. (Dezember 2015) Wie smarte Produkte Unternehmen verändern. Harvard Business Manager, S. 52–73

Rabe, M. (2019) Systematik zur Konzipierung von Smart Services für mechatronische Systeme (Doctoral dissertation, Dissertation, University of Paderborn).

Rauen, H.; Glatz, R.; Schnittler, V.; Peters, K.; Schorak, M. H.; Zollenkop, M.; Lüers, M.; Becker, L. (2018) Plattformökonomie im Maschinenbau. Herausforderungen – Chancen – Handlungsoptionen, VDMA

Raj, P.; Raman, A. C. (2017) The Internet of things - Enabling technologies, platforms, and use cases, CRC Press/Taylor & Francis Group, Boca Raton - ISBN 9781498761284

Reimann, F. (2016) Industrial Data Science – Data Science in der industriellen Anwendung. Industrie 4.0 Management, (32), S. 27–30

Reuver, M.; Sorensen, C.; Basole, R. C. (2017) The digital platform: a research agenda. Journal of Information Technology

Sangeet, P. (2015) Platform Scale. How an emerging business model helps startups to build large empires with minimum invest, Platform thinking Labs Pte. Ltd.

Schmidt, R.; Möhring, M. (2017) Strategic alignment of Cloud-based Architectures for Big Data, Universität Aalen, Aalen

Shearer, C. (2000) The CRISP-DM Model: The New Blueprint for Data Mining. Journal of Data Warehousing, (5), S. 13–22

Spinnler, T. (2021) Kampf um die Marktmacht – Lokale Dienste fordern Lieferando heraus. Zugegriffen am: 10.04.2022: https://www.tagesschau.de/wirtschaft/unternehmen/lieferando-wolt-lokale-lieferdienste-konkurrenz-101.html

Stavins, R. N. (1995) Transaction Costs and Tradeable Permits. Journal of Environmental Economics and Management, Vol. 29, Ausgabe 2, S. 133–148

Steenstrup, K.; Sallam, R.; Eriksen, L.; Jacobson, S. (2014) Industrial Analytics Revolutionizes Big Data in the Digital Business. Gartner Research

Tiwana, A.; Konsynski, B.; Bush, A. A. (2010) Research Commentary - Platform Evolution: Co-evolution of Platform Architecture, Governance, and Environmental Dynamics. Information Systems Research, 21(4), S. 675–687.

van Alstyne, M.; Parker, G. (2017) Platform Business: From Resources to Relationships. GfK Marketing Intelligence Review, Vol. 9, Ausgabe 1, S. 24–29

Wirth, R.; Hipp, J. (2020) CRISP-DM: Towards a standard process model for data mining. In: Mackin, N. (Ed.): Proceedings of the Fourth International Conference on the Practical Application of Knowledge Discovery and Data Mining. Fourth International Conference on the Practical Application of Knowledge Discovery and Data Mining, April 11 – 13 2000, Manchester, UK, Practical Application Company, Blackpool Lancashire, S. 29–39

Wolf, V.; Lüttenberg, H. (2020) Capabilities for Ambidextrous Innovation of Digital Service. In Wirtschaftsinformatik (Zentrale Tracks) S. 1132–1138

Wolf, V.; Franke, A.; Bartelheimer, C.; Beverungen, D. (2020) Establishing Smart Service Systems is a Challenge: A Case Study on Pitfalls and Implications. In: Proceedings of the 15th International Conference on Wirtschaftsinformatik / 15. Internationale Tagung Wirtschaftsinformatik, Potsdam

Wortmann, F; Ellermann, K.; Kühn, A.; Dumitrescu, R. (2019) Typisierung und Strukturierung digitaler Plattformen im Kontext Business-to-Business. 15. Symposium für Vorausschau und Technologieplanung.

Wortmann, F.; Ellermann, K.; Kühn, A.; Dumitrescu, R. (2020) Ideation for digital platforms based on a companies' ecosystem. Procedia CIRP, Vol. 91, Ausgabe SI 4, S. 559–564

Zhu, F.; Iansiti, M. (2019) Why Some Platforms Thrive and Others Don't. Harvard Business Review. Jan.-Feb.

Zimmer, D.; Kollmann, D.; Nöcker, T.; Wambach, A.; Westerwelle, A. (2015) Wettbewerbspolitik: Herausforderungen digitaler Märkte

Digitale Plattformen – Strategien und Methoden

3

Sina Kämmerling, Till Gradert, Fabio Wortmann, Simon Hemmrich, Hedda Lüttenberg, Maurice Meyer und Michel Scholtysik

Inhaltsverzeichnis

S. Kämmerling (✉) · T. Gradert · M. Meyer
Unity AG, Büren, Deutschland
E-Mail: sina.kaemmerling@unity.de

T. Gradert
E-Mail: till.gradert@unity.de

M. Meyer
E-Mail: maurice.meyer@unity.de

F. Wortmann
Fraunhofer Institut für Entwurfstechnik Mechatronik IEM, Paderborn, Deutschland
E-Mail: fabio.wortmann@iem.fraunhofer.de

S. Hemmrich
Universität Paderborn, Paderborn, Deutschland
E-Mail: simon.hemmrich@uni-paderborn.de

H. Lüttenberg
Hochschule Hamm-Lippstadt, Lippstadt, Deutschland
E-Mail: hedda.luettenberg@hshl.de

M. Scholtysik
Heinz Nixdorf Institut, Paderborn, Deutschland
E-Mail: michel.scholtysik@hni.uni-paderborn.de

D. Beverungen et al. (Hrsg.), *Digitale Plattformen im industriellen Mittelstand,*
Intelligente Technische Systeme – Lösungen aus dem Spitzencluster it's OWL,
https://doi.org/10.1007/978-3-662-68116-9_3

In diesem Kapitel werden die entwickelten Methoden und Konzepte für die strategische Planung von digitalen Plattformen und Smart Services im B2B-Bereich als zwei im Projekt fokussierte Eintritts- und Entwicklungspfade in die Plattformökonomie vorgestellt. Dazu wird in Abschn. 3.1 zunächst ein Überblick über das Instrumentarium gegeben, das im Rahmen des Projekts entwickelt und evaluiert wurde. Die Kapitelstruktur orientiert sich an den vier Hauptphasen der Strategielandkarte: Orientierung, Strategieentwicklung, Konzipierung und Geschäftsplanung. In Abhängigkeit des eingeschlagenen Entwicklungspfads können verschiedene Methoden und Konzepte je Phase zurate gezogen werden, deren dedizierte Beschreibung in den darauffolgenden Abschn. 3.2 bis 3.5 folgt.

3.1   Die Strategielandkarte als zentrales Rahmenwerk

Die Strategielandkarte unterstützt Unternehmen des B2B-Bereichs bei der Entwicklung ihrer individuellen Plattformstrategie (Abb. 3.1). Dazu zeigt sie zwei grundlegende Entwicklungspfade auf, mit denen eine Positionierung in der Plattformökonomie vollzogen

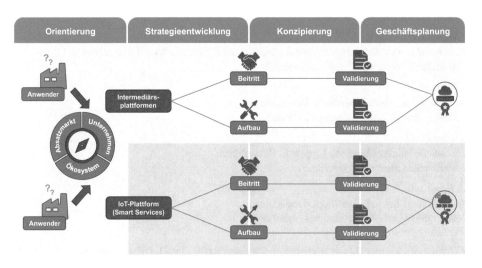

Abb. 3.1 Strategielandkarte für die Positionierung in der Plattformökonomie

werden kann. Im Wesentlichen wird zwischen einem Eintritt als Geschäftsmodell basierend auf einer Intermediärsplattform und der Planung eines Smart Services Geschäftsmodells auf Grundlage einer technischen Plattform, z. B. IoT-Plattform, unterschieden.

Bei der Anwendung der Strategielandkarte ist zu berücksichtigen, dass sich die beiden Pfade auch überschneiden können. So ist es bspw. denkbar, dass die Entwicklung eines Smart Services aufbauend auf einer technischen Plattform durch das Öffnen des Ökosystems um weitere Partner zu einer Intermediärsplattform führen kann. Die Pfade sind also als idealtypische Entwicklungspfade zu verstehen, sodass aus Gründen der Übersicht auch die Methoden und Konzepte klar einem Pfad und einer Phase zugeordnet werden.

Orientierung – Transparenz schaffen und Zukunftspotenziale identifizieren
Die Phase Orientierung (Abschn. 3.2) soll Unternehmen dabei unterstützen, erste strategische Optionen ins Auge zu fassen. Ausgehend von einem differenzierten Typenverständnis (siehe Abschn. 2.3) werden strategische Optionen für einzelne Plattformtypen mit Blick auf die individuelle Ausgangssituation des Unternehmens bewertet. Zusätzlich erhalten Unternehmen einen ersten Überblick über die grundsätzlichen Einsatzmöglichkeiten von digitalen Plattformen in der Industrie. Ausgehend von der Orientierungsphase kristallisiert sich einer der beiden idealtypischen Entwicklungspfade als erfolgversprechender heraus. Dabei bleibt es aber trotzdem weiter möglich, beide Pfade zu durchlaufen. Je nach resultierender strategischer Stoßrichtung wird dieselbe in der zweiten Phase der Strategieentwicklung weiter präzisiert.

Strategieentwicklung – Ideen generieren und strategische Sichtungen entwickeln
Im Rahmen der Strategieentwicklung (Abschn. 3.3) werden erstmals die zwei Entwicklungspfade in Richtung Intermediärsplattformen oder Smart Services (auf Basis einer technischen Plattform wie der IoT-Plattform) unterschieden. Um auf Grundlage der ausgewählten strategischen Optionen konkrete Ideen für ein Geschäftsmodell erarbeiten zu können, sind wichtige und je Pfad andere strategische Entscheidungen zu treffen. Im Falle einer Intermediärsplattform gilt es, zuerst zwischen verschiedenen Akteursgruppen am Markt potenzialversprechende Schnittstellen aufzuspüren, um hier eine Plattform zu positionieren. Im Falle eines Smart Services Geschäftsmodells sind Smart Services zu identifizieren, die einerseits den Kundennutzen steigern und andererseits mithilfe der Gegebenheiten und Infrastruktur des Unternehmens umsetzbar sind. Zusätzlich ist die strategisch hoch relevante Entscheidung zu treffen, ob in jedem Fall der Aufbau einer eigenen Plattform angestrebt oder aber einer existierenden Plattform am Markt beigetreten werden soll. Die schließlich näher ausgearbeitete strategische Stoßrichtung fungiert wiederum als Grundlage für die Phase der Konzipierung, welche die dritte Phase darstellt.

Konzipierung – Plattformen und Smart Services konzipieren
Die Konzipierung (Abschn. 3.4) dient der Detaillierung der Leistungen, die im Rahmen der Strategieentwicklung anvisiert wurden. Dazu zählt einerseits die Zusammenstellung eines konsistenten Portfolios an Leistungen für eine digitale Plattform bzw. an

Smart Services. Andererseits werden eine konkrete Modellierung und Darstellung von Wechselwirkungen und Abhängigkeiten zwischen den einzelnen Leistungen notwendig. Entsprechende methodische Ansätze unterstützen Unternehmen dabei ein schlüssiges Konzept zu entwickeln, das im Rahmen der anschließenden Geschäftsplanung zum Umsetzungsentscheid bewertet werden kann. Die Methoden und Konzepte der Abschnitte 3.4.1 bis 3.4.2 sind dieser Phase zuzuordnen.

Geschäftsplanung – Geschäft planen und umsetzen

Die letzte Phase umfasst die Geschäftsplanung (Abschn. 3.5), in der die zuvor erarbeiteten Ergebnisse aus den Phasen 1 bis 3 in ein wirtschaftlich erfolgversprechendes Geschäftsmodell überführt werden. Hierzu wird zusätzlich ein Business Case erstellt, der Kosten- und Nutzentreiber gegenüberstellt und in einen Zusammenhang bringt. Der Business Case hilft Unternehmen schließlich dabei, die Wirtschaftlichkeit und das mit der Umsetzung verbundene Geschäftsrisiko besser einschätzen zu können. Die Methoden hierzu finden sich in den Abschn. 3.2 bis 3.5.

3.2 Orientierung: Transparenz schaffen und Zukunftspotenziale identifizieren

Im Rahmen der Orientierungsphase gilt es herauszufinden, ob ein Unternehmen von einer Plattformökonomie umgeben ist und falls ja, wie diese Plattformökonomie genau aussieht. Dafür stehen zwei Konzepte zur Verfügung, die eine erste Orientierung ermöglichen (s. Abb. 3.2). Das Plattform-Radar (Abschn. 3.2.1) dient zur differenzierten Darstellung der Facetten der Plattformökonomie im B2B-Bereich. Unternehmen können

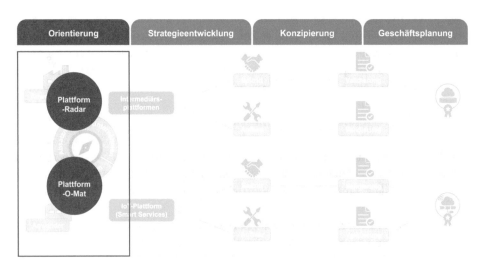

Abb. 3.2 Strategielandkarte: Methoden zur Orientierung

sich hier die verschiedenen Typen und Einsatzmöglichkeiten digitaler Plattformen unabhängig ihrer spezifischen Ausgangslage näherbringen. Mithilfe des Plattform-O-Maten
(Abschn. 3.2.2) wird das Plattform-Radar wiederum auf die spezifische Ausgangssituation des Unternehmens projiziert. Anhand mehrerer Fragen gilt es, wesentliche
strategische Ausrichtungen individuell zu bewerten und die in Frage kommenden Typen
digitaler Plattformen für das konkrete Unternehmen einzugrenzen. Innerhalb des Plattform-Radars werden die Felder dieser Auswahl schließlich hervorgehoben. Deren weitere Ausprägungen können dann genauer betrachtet werden.

3.2.1   Plattform-Radar zur Klärung des Plattformbegriffs und der Plattformtypen

Insbesondere in der frühen Phase der Strategieentwicklung liegt in Unternehmen häufig
kein klares und einheitliches Verständnis des Plattformbegriffs vor. Dadurch entstehen
unklare strategische Ziele und eine mangelnde Diskussionsgrundlage zur gemeinsamen
Arbeit. Das frühe Heranziehen des Plattform-Radars kann hier helfen (Abb. 3.3).

   Das Plattform-Radar baut auf dem Verständnis der Plattformtypen aus Abschn. 2.3
auf. Ausgehend von den beiden Grundverständnissen der Intermediärsplattform und
der technischen Plattform, werden die folgenden fünf Plattformtypen unterschieden:
IoT-Plattformen, Smarte IoT-Plattformen, Service Plattformen, zwei- bzw. mehrseitige
Märkte und IoT-basierte Intermediäre.

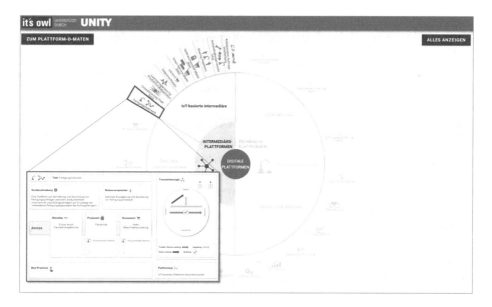

Abb. 3.3   Plattform-Radar zur Identifizierung und Einordnung von Plattformen im Markt

Grundlage für die Typisierung ist eine Clusteranalyse, der die Bewertung von 60 Plattformen aus dem B2B-Bereich nach verschiedenen Merkmalen zugrunde liegt. Die Clusteranalyse fasst ähnliche Plattformkonzepte zusammen und leitet daraus schließlich die fünf genannten Plattformtypen ab (innerer Ring des Radars). Zu diesen Plattformtypen sind zusätzlich 25 Plattform Use Cases zugeordnet, die generische Anwendungsfälle aus der Praxis darstellen und als Inspiration dienen. Die Use Cases sind auf Basis einer umfassenden Analyse von 200 Plattformen im B2B-Bereich definiert. Zu ausgewählten Use Cases sind auf dem äußeren Ring des Plattform-Radars konkrete Beispiele von Plattformen aufgeführt.

Um die Navigation durch das Plattform-Radar zu veranschaulichen, wird im weiteren Absatz das Fertigungsnetzwerk beispielhaft betrachtet. Ausgehend von der Einordnung als Intermediärsplattform entspricht der Use Case dem Plattformtyp *IoT-basierter Intermediär*. Beim Fertigungsnetzwerk können Produzenten ihre Produktionskraft auf einem Marktplatz anbieten. Unternehmen, die Produktionsaufträge platzieren wollen, treten wiederum als Konsumenten auf. Damit die Lösung technisch realisiert werden kann, wird eine IoT-Plattform benötigt. So werden die Produktionsaufträge zur richtigen, an die Plattform angebundene Maschine unter Berücksichtigung der Auslastung weitergeben. *3YourMind* oder *Manusquare* stellen solche Fertigungsnetzwerke dar.

Um die Zugänglichkeit zu einem einheitlichen Begriffsverständnis digitaler Plattformen zu maximieren, steht das Plattform-Radar als web-basiertes Tool zur Verfügung und ist unter der URL www.plattform-radar.de zu finden. Die Verknüpfung des Plattform-Radars mit dem zweiten Konzept des Plattform-O-Maten wird im nachfolgenden Abschn. 3.2.2 vorgestellt.

3.2.2 „Plattform-O-Mat" zur Ermittlung strategischer Optionen

Je nach existierendem Produktangebot und Geschäftsmodell eines Unternehmens eignen sich bestimmte Plattformtypen mehr und andere weniger. Ein Hersteller von Maschinen- und Anlagen wird sich eher mit Fragen der Vernetzung dieser über IoT-Plattformen befassen und Kunden versuchen Mehrwerte durch Smart Services zu bieten. Andere Unternehmen stehen häufig vor der Frage, den Vertrieb ihrer Produkte über eine eigene Intermediärsplattform mit anderen Leistungen zur Kombination zu öffnen oder einem bereits existierenden Marktplatz dieser Art beizutreten. Inmitten solcher Überlegungen hat der Plattform-O-Mat das Ziel, Unternehmen erste strategische Handlungsempfehlungen auszusprechen (Abb. 3.4).

Insgesamt enthält der Plattform-O-Mat zehn strategische Ausrichtungen, die sich aus den fünf Plattformtypen (Abschn. 2.3) und der Möglichkeit, je Typ, einer Plattform beizutreten oder diese eigenständig aufzubauen, ergeben. Hierauf aufbauend lässt der Plattform-O-Mat zwölf Thesen bewerten, die unter anderem Aspekte wie die Risikobereitschaft der Geschäftsführung, den bisherigen Marktanteil oder den Standardisierungsgrad der Produkte umfassen. Anhand der Einordnung einer jeden These aus Unternehmens-

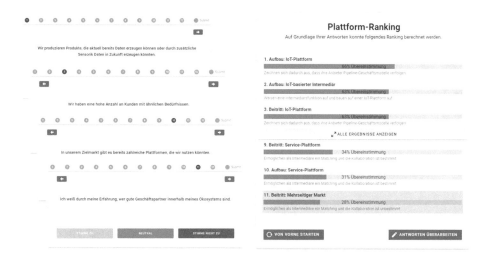

Abb. 3.4 Beispielbewertung der Thesen im Plattform-O-Mat

sicht von *stimme zu* über *neutral* bis *stimme nicht zu*, werden im Hintergrund alle möglichen strategischen Ausrichtungen rangiert. Die drei strategischen Ausrichtungen, die
die größte Übereinstimmung mit der Thesenbewertung aufweisen, werden dem Nutzer
als möglicher Einstieg in die Plattformökonomie vorgeschlagen. Der Plattform-O-Mat
ist über dieselbe URL wie auch das Plattform-Radar zugänglich: https://www.plattform-
radar.de/#/quickcheck.

3.3 Strategieentwicklung: Ideen generieren und strategische Stoßrichtungen festlegen

Existiert basierend auf der Orientierung eine erste strategische Richtung, aber noch keine
konkrete Plattformidee, können hierzu die zwei im Folgenden vorgestellten Methoden
angewandt werden (Abb. 3.5). Die Ideenentwicklung ist zentraler Teil der Strategieentwicklung, da durch die Ideen, die Art der Plattform konkretisiert wird, für die anschließend eine strategische Stoßrichtung festgelegt wird. Basierend auf der initialen
Idee der Plattform kann somit die nahezu unüberschaubaren Menge an möglichen strategischen Stoßrichtungen für die Plattformökonomie für die Unternehmen deutlich reduziert und die Strategieentwicklung konkretisiert werden.

Bei der ersten Methode handelt es sich um die der Ideenentwicklung von Plattform-
Geschäftsmodellen (Abschn. 3.3.1). Dieser Ansatz ist allerdings nur dann geeignet, wenn
eine Intermediärsplattform forciert werden soll. Mithilfe eines Wertschöpfungsnetzwerks
wird systematisch nach Plattformpotenzialen im Zielmarkt gesucht. Zusätzlich werden
die Plattform Use Cases aus dem Plattform-Radar aufgegriffen (Abschn. 3.2.1).

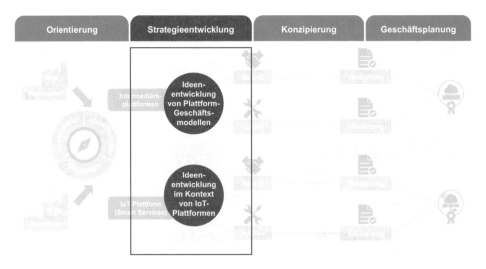

Abb. 3.5   Strategielandkarte: Methoden zur Strategieentwicklung

Fokussiert die strategische Ausrichtung eher IoT-Plattformen, im Sinne einer technischen Plattform, eignet sich die Methode zur Ideenentwicklung im Kontext von IoT-Plattformen (Abschn. 3.3.2). Hier werden Ideen für Smart Services mithilfe von generischen Smart Service Funktionalitäten generiert. Diese sind analog zu den Plattform Use Cases im Kontext der Intermediärsplattformen zu verstehen.

3.3.1   Methode zur Ideenentwicklung von Plattform-Geschäftsmodellen

Um Unternehmen eine Unterstützung bei der Erarbeitung erfolgversprechender Ideen für Geschäftsmodelle für Intermediärsplattformen zu liefern, stellt die Methode zur Ideenentwicklung ein begleitendes Vorgehensmodell mit Hilfsmitteln dar (Abb. 3.6). Das Vorgehensmodell gliedert sich in vier Phasen, die sukzessive durchlaufen werden. In der ersten Phase erfolgt die Auswahl eines geeigneten Geschäftsfelds, um in der zweiten Phase dessen Ökosystem zu analysieren. In der dritten Phase werden anschließend die Plattformpotenziale in diesem Ökosystem identifiziert und in der vierten Phase hieran schließlich konkrete Plattformideen erarbeitet und dokumentiert. Im Folgenden wird eine Auswahl an Methoden entlang des Vorgehensmodells exemplarisch skizziert und veranschaulicht.

Zunächst ist es erforderlich, alle Geschäftsfelder des Unternehmens zu analysieren. Hierbei gilt, dass zuerst eine Strukturierung der Geschäftsfelder durchzuführen ist. Als geeignete Methode dient die sogenannte Marktleistungs-Marktsegmente-Matrix (ML-MS-Matrix). Die Auswahl eines geeigneten Geschäftsfelds erfolgt anschließend mittels eines Auswahlportfolios (Abb. 3.7). Dieses bewertet den Grad der Standardisierung eines Produkts in einem Geschäftsfeld und die Anzahl an Akteuren im Ökosystem. In der

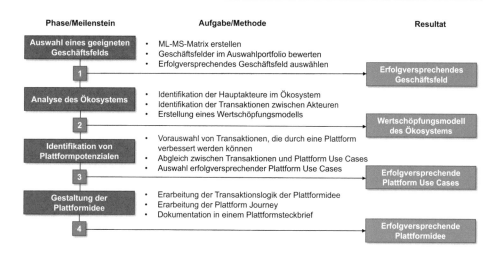

Abb. 3.6 Vorgehensmodell zur Entwicklung von Plattformideen

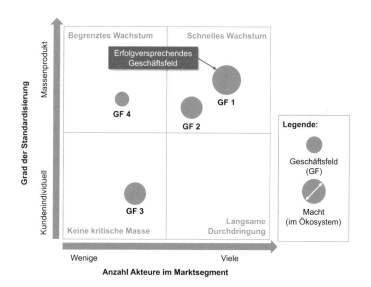

Abb. 3.7 Auswahlportfolio für ein erfolgversprechendes Geschäftsfeld

Abb. 3.7 wird auf der X-Achse bewertet, wie hoch die Anzahl potenzieller Akteure im Marktsegment ist. Differenziert wird hier zwischen *wenige* und *viele*. Auf der Y-Achse findet der Grad der Standardisierung eines Produkts Einordnung. Hier werden die Endpunkte *Kundenindividuell* und *Massenprodukt* unterschieden. Die Größe des Kreises zeigt wiederum an, wie groß die Macht des Unternehmens im Ökosystem ist. Kennzahlen, die zur Bewertung der Unternehmensmacht herangezogen werden, sind unter anderem die Folgenden: Sichtbarkeit der Marke, Anzahl der Vermögenswerte (Assets) des Unternehmens im Markt, Anteil der Unternehmenswertschöpfung im Markt.

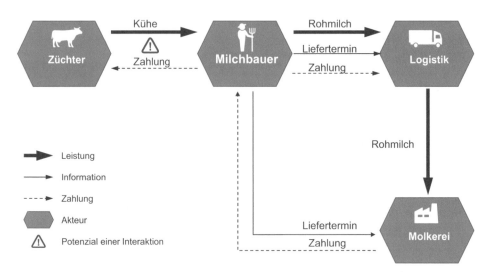

Abb. 3.8 Wertschöpfungsnetzwerk am Beispiel der Milchindustrie

Ist ein geeignetes Geschäftsfeld ausgewählt, gilt es das Marktsegment bzw. den Ziel-markt näher zu analysieren. Dazu müssen die relevanten Akteure im Markt sowie deren Interaktionen dargestellt und analysiert werden. Hierzu bietet sich die Erstellung eines Wertschöpfungsnetzwerks an. Zur Analyse des Zielmarkts wird auf das Interaktions-modell der Spezifikationstechnik zur Beschreibung und Analyse von Wertschöpfungs-systemen nach Schneider (2018) zurückgegriffen. Abb. 3.8 zeigt einen Ausschnitt des Wertschöpfungsnetzwerks am Beispiel der Milchindustrie.

Im Wertschöpfungsnetzwerk werden in einem ersten Schritt potenzialträchtige Ak-teure und Interaktionen identifiziert. Innerhalb der Interaktionen wird im nächsten Schritt nach Potenzialen gesucht, die durch eine Plattform adressiert werden können. Hierzu existieren vier Möglichkeiten (Abb. 3.9). So kann entweder eine bestehende Intermedi-ärsplattform ausgeschaltet und ersetzt (1) oder als Neue in einer bestehenden Transaktion platziert werden (2). Weiterhin ist es möglich, als Intermediärsplattform ganz neue Transaktionen überhaupt erst zu ermöglichen (3) oder Intermediärsplattform innerhalb einer Akteursgruppe, d. h. zwischen zwei gleichen Akteuren, zu werden (4).

Neben den Möglichkeiten zur Positionierung einer Plattform basierend auf den Trans-aktionen von Akteuren im Wertschöpfungsnetzwerk, können auch generische Plattform Use Cases eine Inspiration zur Entwicklung neuer Ideen liefern. Diese Use Cases be-schreiben bereits in der Praxis umgesetzte Plattformkonzepte, die auf das vorliegende Problem einer Transaktion aus dem Wertschöpfungsnetzwerk übertragen werden können. Die Use Case Steckbriefe wurden basierend auf der Analyse existierender IoT-basierter Plattform-Geschäftsmodelle am Markt und in der Forschung abgeleitet. Abb. 3.10 zeigt einen exemplarischen Use Case Steckbrief.

Die Steckbriefe enthalten eine Kurzbeschreibung des Nutzenversprechens und eine Beschreibung der Anreize der Akteure. Zusätzlich wird die Transaktionslogik der Kern-

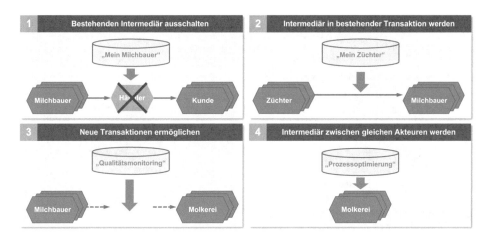

Abb. 3.9 Möglichkeiten zur Positionierung einer Plattform

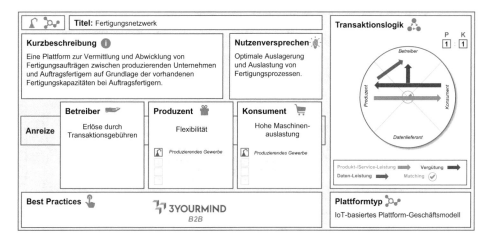

Abb. 3.10 Use Case Steckbrief Fertigungsnetzwerk

interaktion grafisch dargestellt, der zugehörige Plattformtyp ausgewiesen und Best Practices aus der Praxis aufgeführt.

Ist unter Einbezug der Plattform Use Cases eine Plattformidee erfolgreich entwickelt, wird sie abschließend in einem Steckbrief dokumentiert (Abb. 3.11). Auch hier ist eine Beschreibung enthalten, die die Kerninteraktion erläutert. Ebenso werden die beiden Kernakteure (Produzent und Konsument) charakterisiert. Darüber hinaus ist eine Skizzierung der Transaktionslogik sowie ein Überblick zur Erlöslogik im Steckbrief abgebildet. Um die Plattformidee noch eine Ebene genauer zu beschreiben, wird zusätzlich eine Plattform Journey aufgenommen, die die wichtigsten Schritte der Produzenten und Konsumenten auf der Plattform wiedergibt.

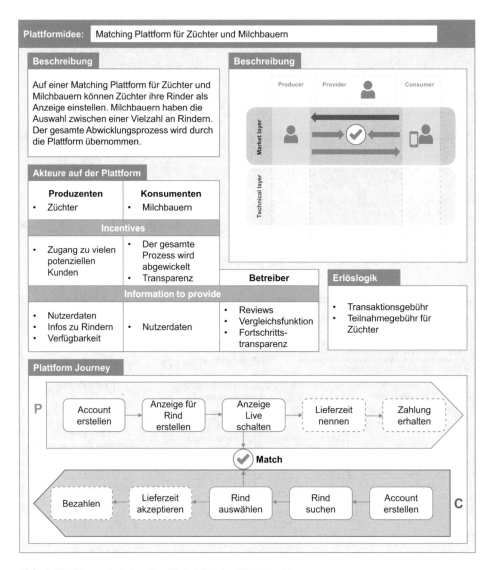

Abb. 3.11 Exemplarischer Steckbrief für eine Plattformidee

3.3.2 Methode zur Ideenentwicklung im Kontext von IoT-Plattformen

Kap. 2 ordnet die IoT-Plattform als einen Typen der technischen Plattform ein, der vor allem auch zur technischen Befähigung von Smart Services Geschäftsmodellen dient. Entscheidet sich ein Unternehmen zur Umsetzung eines solchen Geschäftsmodells, eröffnen sich vielschichtige Möglichkeiten Smart Service Ideen zu entwickeln und umzusetzen. Sie reichen von reinen Monitoring-Funktionen bis hin zu komplexen Services wie einer vorausschauenden Wartung. Die Herangehensweise zur Konkretisierung einer Smart Service Idee unterscheidet sich klar von der Herangehensweise zur Ideengenerierung für Intermediärsplattformen. Sie wird durch andere Methoden gestützt.

Eine dieser Methoden ist die Smart Service Canvas. Mit ihrer Hilfe können Unternehmen Smart Service Ideen systematisch generieren und beschreiben. Auch können hierbei die Perspektiven des Market Pulls und Technology Push (Geum et al. 2016; Koldewey 2021) berücksichtigt werden (im weiteren Verlauf näher erläutert). Eine exemplarische Smart Service Canvas ist in Abb. 3.12 dargestellt, um im Folgenden die wesentlichen Bestandteile dieser Methode von links nach rechts erläutern zu können.

Generell besteht die Canvas aus drei zentralen Bestandteilen (Kundenprofil, Smart Service Idee und Produktprofil) und zwei Verbindungselementen (Nutzenversprechen und Interaktionen sowie Datenbereitstellung). Auf der linken Seite der Canvas befindet sich das Kundenprofil, dessen Grundlage die Value Proposition Canvas von Osterwalder et al. (2014) und Koldewey (2021) bildet. Das Profil beinhaltet die folgenden drei Aspekte: Kundenaufgaben, Gewinne und Probleme. Über die Beschreibung des Nutzenversprechens als Verbindungselement wird das Kundenprofil mit der Smart Service Idee verknüpft. Hier werden die Funktionalität des Smart Services, die gewonnenen Erkenntnisse sowie die generelle Datenverarbeitung spezifiziert. Im Rahmen der Datenverarbeitung sind die Leistungsstufen deskriptiv, diagnostisch, prädiktiv und präskriptiv zu unterscheiden. Die zu definierende Datenbereitstellung beschreibt, wie die Daten für den Smart Service bereitgestellt werden und verbindet die Smart Service Idee mit dem Produktprofil. Das Produktprofil selbst besteht aus den folgenden vier Bereichen: Daten, Datenquellen, Datensenken und Produktfunktionen.

Die Berücksichtigung der oben genannten Prinzipien des Market Pulls und Technology Push wird durch die Bearbeitungsrichtung der Smart Service Canvas ermöglicht. Aufgrund der Strukturierung aller Elemente ergeben sich drei unterschiedliche Bearbeitungsrichtungen, die in Abb. 3.13 dargestellt sind und nachfolgend erläutert werden.

Die kundengetriebene Bearbeitungsrichtung repräsentiert das Prinzip *Market Pull*. Hier werden die Gewinne und Probleme des betrachteten Kundensegments durch das Kundenprofil definiert. Ausgehend von diesen Erkenntnissen wird eine passende Smart Service Idee spezifiziert. Die ebenfalls im Projekt entwickelten Smart Service Funktionalitäten (Abb. 3.14) können hierbei Unterstützung leisten. Die technischen Anforderungen, wie Datenquellen und -senken, werden bei dieser Richtung zuletzt abgeleitet.

Das Prinzip *Technology Push* wird wiederum durch die produktgetriebene Bearbeitungsfolge realisiert. Der anfängliche Fokus liegt unter anderem auf der Spezifizierung des Produkts hinsichtlich notwendiger Daten und wie diese generiert werden können. Auf dieser Grundlage wird der Smart Service erarbeitet sowie abschließend der konkrete Kundennutzen festgehalten.

Die dritte Bearbeitungsrichtung bildet die funktionalitätsgetriebene Sicht, bei der die eigentliche Smart Service Idee und ihre Funktionalität im Fokus stehen. Auch bei die-

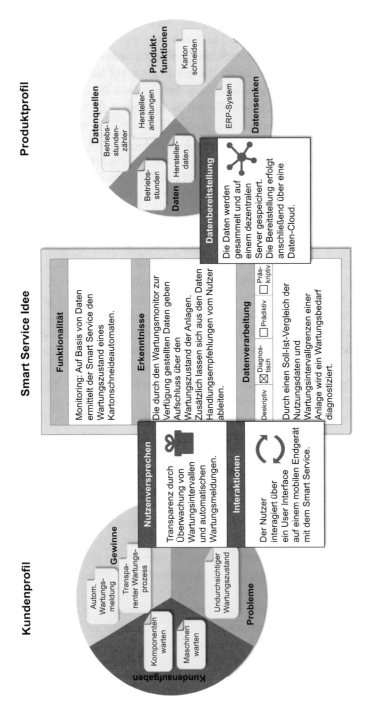

Abb. 3.12 Smart Service Canvas zur Entwicklung einer Smart Service Idee

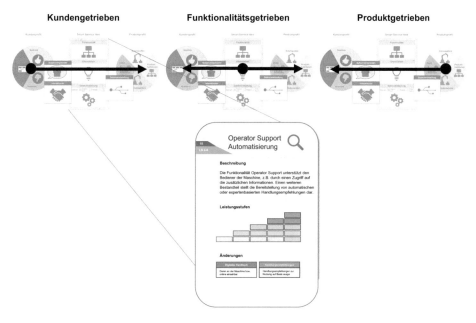

Abb. 3.13 Bearbeitungsrichtungen der Smart Service Canvas

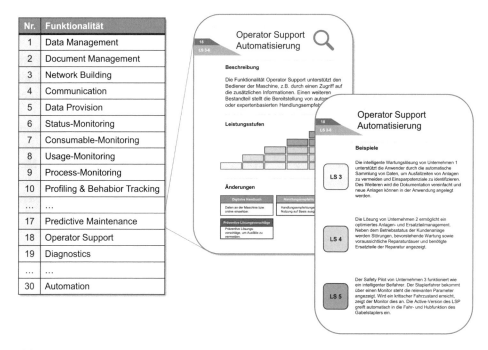

Abb. 3.14 Smart Service Funktionalität Analytics

sem Ansatz können wieder die bereits im Rahmen der kundengetriebenen Bearbeitungs-richtung erwähnten Smart Service Funktionalitäten als Hilfsmittel dienen (Abb. 3.14).

In der Spezifizierung der Smart Service Canvas liefern die Smart Service Funktionali-täten wertvolles Gestaltungswissen für den Bestandteil der Smart Service Idee. Ins-gesamt sind mittels einer Literaturrecherche 30 Smart Service Funktionalitäten identi-fiziert (s. Tab. 3.1) und in dem dargestellten Kartenformat dokumentiert worden (Kol-dewey et al. 2020). In der Anwendung lassen sich aus den Funktionalitäten bspw. Erkenntnisse zur benötigten Datenverfügbarkeit oder -analyse herleiten, die als Input für das Produktprofil dienen. Als Ergebnis liefert die Smart Service Canvas, mit optionaler Zuhilfenahme der Smart Service Funktionalitäten, eine konkrete Smart Service Idee, die im Hinblick auf die Kunden-, Produkt- und Funktionalitätsperspektive spezifiziert ist.

3.4   Konzipierung: Plattformen und Smart Services konzipieren

Die Strategieentwicklung hat die strategischen Optionen weiter konkretisiert und Platt-form- bzw. Smart Service Ideen hervorgebracht. Diese werden in der Konzipierungs-phase um ein erstes, zur Realisierung notwendiges Geschäftsmodell erweitert (Abb. 3.15).

Während jetzt im Kontext von Intermediärsplattformen eine definierte Idee vorliegt, existieren bei Smart Services nach Anwendung der obigen Methoden in der Regel meh-rere Ideen. Es schließen sich je nach Plattform- oder Smart Service Idee andere Metho-den zur Geschäftsmodellkonzipierung an.

Für die Auswahl an Smart Service Ideen ist zuerst ein adäquates Smart Service Port-folio zu gestalten. Angewendet werden kann hierzu die Smart Service Scoring Methode (Abschn. 3.4.1). Diese überprüft, welche Smart Services gut miteinander harmonieren und in einem Leistungsportfolio Synergien heben bzw. Nutzen stiften.

Nachdem passende Leistungen identifiziert wurden, ist das entstandene plattform-basierte Smart Service System zu modellieren. So können Wechselwirkungen zwischen den Leistungen dargestellt und bereits technische Hürden antizipiert werden. Die Me-thode zur Modellierung dieses Systems (Abschn. 3.4.2) eignet sich dabei sowohl für die Geschäftsmodellierung von Smart Services als auch für die von Intermediärsplattformen.

3.4.1   Smart Service Scoring Methode

Die Smart Service Scoring Methode knüpft an die Smart Service Canvas an und ver-folgt den Zweck der Erstellung eines Smart Service Portfolios. Durch die Scoring Me-thode kann übersichtlich dargestellt werden, wie gut verschiedene Smart Services sich zu einem Leistungsportfolio nutzenbringend zusammenfügen. Die Methode besteht aus zwei Schritten. Im ersten Schritt werden mehrere Nutzendimensionen der Leistungen

Tab. 3.1 **Smart Service Funktionalitäten nach** Koldewey (2021)

Nr	Funktionalität	Kurzbeschreibung	Beispiele
1	Data Management	Die Funktionalität Data Management umfasst alles Smart Services, die zur Verwaltung bzw. Verfügungstellung von Daten vorgesehen sind. Daten können zum Beispiel zwischen verschiedenen Maschinen ausgetauscht und auf kompatiblen Endgeräten eingesehen werden	Claas, MAN, Roche
2	Document Management	Die Funktionalität Document Management unterstützt den Kunden bei der Erstellung und Verwaltung von Dokumenten innerhalb und außerhalb des Unternehmens. Die Erstellung, Verwaltung und Archivierung erfolgt in der Regel vollautomatisch	DMG MORI, Linde, Bosch
3	Network Building	Zur Kategorie Network Building gehören Smart Services, welche als zentrale Aufgabe die Verbindung bzw. Vernetzung von Maschinen, Anlagen und Personen innerhalb und außerhalb des Unternehmens haben	Kuka, Odion, Grob
4	Communication	Smart Services mit dieser Funktionalität unterstützen die Kommunikation zwischen verschiedenen Anwendern. So können Aufgaben jederzeit für den Nutzer einsehbar verteilt und aktualisiert werden	Dematic, Syskron
5	Data Provision	Zu der Kategorie Data Provision gehören Smart Services, die dem Anwender zusätzliche Daten zur Verfügung stellen, welche die Nutzung des Produkts unterstützen bzw. vereinfachen	NavBlue, Boeing, Airbus
6	Status-Monitoring	Im Produkt integrierte Sensoren werden genutzt, um den Produktzustand während des Betriebs zu überwachen und dem Anwender Auffälligkeiten sowie potenzielle Probleme frühzeitig anzuzeigen	DMG MORI, SEW Eurodrive, Homag
7	Consumable-Monitoring	Im Produkt integrierte Sensoren werden genutzt, um den Bestand von Verbrauchsmaterialien bzw. Verbrauchsstoffen, die für den Gebrauch des Produkts notwendig sind, zu überwachen	Linde. Boeing
8	Usage-Monitoring	Im Produkt integrierte Sensoren sowie externe Datenquellen werden verwendet, um Erkenntnisse über die Nutzung eines Systems zu gewinnen. Dies betrifft beispielsweise die Nutzungsintensität, Nutzungsdauer, Art der Nutzung etc.	DMG Mori, John Deere, Still

(Fortsetzung)

Tab. 3.1 (Fortsetzung)

Nr	Funktionalität	Kurzbeschreibung	Beispiele
9	Process-Monitoring	Der Betriebsprozess des mit Sensoren ausgestatteten Produkts wird überwacht. Auf diese Weise werden Parameterschwankungen, die zu Prozessstörungen führen können frühzeitig aufgezeigt	SMS Group, Trumpf, Kuka
10	Profiling & Behavior Tracking (PBT)	Im Rahmen des PBT wird das Verhalten von Anwendern überwacht und Nutzenprofile gebildet. In diesem Kontext werden die Änderung des Standortes, der Leistung, der Nutzung sowie der Verkaufszahlen eines Produkts erhoben. Auf diese Weise können kundenindividuelle und präventive Lösungen für den Kunden geschaffen werden	Voith, Vaillant
11	Asset Mapping	Im Kontext des Asset Mapping erfolgt eine Verfolgung und Dokumentation von Standorten, z. B. in Logistikprozessen. Diese Daten können genutzt werden, um die Service Support Systeme eines Produktes und darüber hinaus die Supply Chain- und Vertriebsaktivitäten zu unterstützen	ZF, Atos, Fuse
12	Fleet Management	Fleet Management ist ein Smart Service, der eine schnelle und einfache Übersicht über die Zustände mehrerer, i. d. R. ähnlicher bzw. identischer Systeme ermöglicht. Hierdurch können Synergie- sowie Einsparpotenziale genutzt werden	Airbus, Still, Dematic
13	Benchmarking	Auf Basis erhobener Daten wird ein automatischer Vergleich der unternehmenseigenen Leistungen zur Wettbewerbsleistung oder auch zur Leistung von Drittunternehmen vorgenommen. Die Auswertung kann dabei auf Basis interner Datenbanken oder anonymisiert durch den Hersteller erfolgen	Lufthansa, Heidelberg
14	Information Brokering	Die während der Prozesse gesammelten Daten und Informationen werden den Kunden, Nutzern und Bedienern nach Sammlung und ggf. Analyse in Form von Dashboards/Reports zur Verfügung gestellt	Schindler, Enercon, DMG MORI
15	Service Support	Beim Service Support wird der Servicetechniker oder das Maschinenpersonal durch Informationen wie Error-Codes, benötigte Ersatzteile und Empfehlungen bei Wartung und Reparatur unterstützt	Bosch, Heidelber, tapio

(Fortsetzung)

Tab. 3.1 (Fortsetzung)

Nr	Funktionalität	Kurzbeschreibung	Beispiele
16	Alerting	Beim Alerting alarmiert das System den Benutzer im Fall von Störungen oder Abweichungen von den zuvor definierten Richtwerten. Die Kontaktaufnahme zum Benutzer kann via Email, SMS, Desktop-Anwendung und/oder akustischem Signal erfolgen	Siemens
17	Predictive Maintenance	Predictive Maintenance Services bauen auf Monitoring- und Analytics-Anwendungen auf. Die Ergebnisse werden verwendet, um einen Ausfall von Komponenten frühzeitig zu erkennen bzw. exakt vorauszusagen. Auf diese Weise kann eine Wartung im Voraus eines Ausfalls durchgeführt werden und Stillstandszeiten reduziert werden	Lufthansa, Schaeffler, Voith
18	Operator Support	Die Funktionalität Operator Support unterstützt den Bediener der Maschine, z. B. durch einen Zugriff auf die zusätzlichen Informationen. Einen weiteren Bestandteil stellt die Bereitstellung von automatischen oder expertenbasierten Handlungsempfehlungen dar	seioTec, Bosch, Linde
19	Diagnostics	Aus den gesammelten Produktdaten werden Ursachen für Probleme sowie Aus- und Wechselwirkungen spezifischer Prozessgrößen identifiziert. Auf diese Weise können Muster erkannt werden, die dabei helfen das Auftreten von Fehlfunktionen zu verhindern	DMG MORI, Siemens, Demag
20	Analytics Dashboard	Die gesammelten Maschinendaten werden in aufbereiteter Form (z. B. aussagekräfte Kennzahlen) mithilfe von Dashboards visualisiert. Der Anwender kann auf diese Weise Aussagen zur Maschinenleistung treffen	Siemens, Atos, DMG MORI
21	Advanced Reporting	Auf Basis kontinuierlich gesammelter Maschinendaten werden mithilfe komplexer Data Analytics Verfahren umfangreiche Berichte generiert. Maschinenausfälle können auf diese Weise verhindert und Optimierungspotenziale identifiziert werden	Boge, Rexroth, Kuka
22	Remote Control	Prozess- und Steuerungsdaten vernetzter Systeme können über Kommunikationsschnittstellen eingesehen und bearbeitet werden. Auf diese Weise können Anpassungen ortsunabhängig über einen mobilen Zugang (z. B. in einer App) vorgenommen werden	Bosch, Grob, Siemens

(Fortsetzung)

Tab. 3.1 (Fortsetzung)

Nr	Funktionalität	Kurzbeschreibung	Beispiele
23	Resource Scheduling	Smart Services mit der Funktionalität Resource Scheduling steuern die Planung von Ressourcen (z. B. Produktion, Anlagen, Personal etc.). Beispielsweise kann die Planung von Wartungseinsätzen für Techniker vorgenommen werden. Auf diese Weise kann z. B. Predictive Maintenance im Unternehmen unterstützt werden	DMG MORI, John Deere, Dematic
24	Automatic Order	Bei Automatic Order werden Bestellungen vollautomatisch ausgeführt. Diese werden auf Basis bevorstehender Wartungen, Prognosen und laufend kontrollierten Lagerkennzahlen vorgenommen	Dematic, Dürr
25	Simulation	Smart Services dieser Funktionalität erstellen virtuelle Abbilder einzelner Komponenten oder ganzer Systeme. Anhand dieser können Aktivitäten oder Parametereinstellungen simuliert und das zugehörige Systemverhalten vorhergesagt werden	Gtob, ABB
26	Input Optimization	Der Smart Service fokussiert sich auf den optimierten Einsatz von Inputfaktoren, die im Anschluss eine Prozessfolge durchlaufen. Beispiel für Inputfaktoren sind Energie, Ausgangsmaterialien oder Informationen. Die Optimierungen werden auf Basis erhobener und ausgewerteter Daten vorgenommen	KSB, Keaser, Voith
27	Process Optimization	Die Funktionalität zielt auf den verbesserten Ablauf von Prozessen ab. Beispielsweise können sie durch Umstrukturierungen verkürzt werden. Diese Optimierungen werden auf Basis erhobener und ausgewerteter Daten vorgenommen	Trumpf, DMG MORI, Dürr
28	Output Optimization	Die Funktionalität dient dazu, die Ergebnisse von Prozessen zu verbessern. Eine Optimierung kann unter anderem auch durch eine größere Outputmenge oder höhere Qualität erreicht werden. Die Optimierungen werden auf Basis erhobener und ausgewerteter Daten vorgenommen	DMG MORI, Voith, ABB

(Fortsetzung)

Tab. 3.1   (Fortsetzung)

Nr	Funktionalität	Kurzbeschreibung	Beispiele
29	Updates & Upgrades	Smart Services dieser Funktionalität überprüfen, ob die Software der Produkte auf dem aktuellen Stand ist und aktualisieren diese gegebenenfalls. Weiterhin können die Funktionen des Produkts durch Upgrades maßgeblich verbessert werden oder sogar erweitert werden	Samsung, Siemens, HP
30	Automation	Auf Basis der am Produkt angebrachten Sensorik und Aktorik sowie der kontinuierlich gesammelten Daten ist der Smart Service in der Lage das Produkt selbstständig zu steuern und auf sich verändernde Umweltbedingungen zu reagieren	Daimler, Dematic, Comau

gegenübergestellt, um Smart Service Ideen in eine Rangreihenfolge zu bringen und sie hinsichtlich ihres Nutzens untereinander zu vergleichen. Im zweiten Schritt erfolgt eine Clusterung der Smart Services, die zeigt, wie diese untereinander wirken und sich gegenseitig beeinflussen. Dies ermöglicht die Bildung von besonders synergieversprechenden Servicekombinationen sowie die Vermeidung solcher Kombinationen, die ein hohes Risiko der Kannibalisierung der Smart Services untereinander indizieren. Im ersten Schritt werden einzelne Smart Services anhand von fünf Kategorien bewertet und mit anderen Smart Services verglichen. Die Kategorien sind dabei speziell auf Smart Services zugeschnitten und stellen auf breiter Ebene die Wertgenerierung für einen Serviceanbieter dar. Die Kategorien lauten wie folgt: Synergie, Kannibalisierung, strategische Ausrichtung, Marktattraktivität sowie Produkt und Wettbewerbsvorteil (Abb. 3.16).

Die Kategorien helfen dabei verschiedene Fragen zu beantworten, die sich beim Erstellen eines Smart Service Portfolios ergeben (z. B. welche Alleinstellungsmerkmale ein Service hat und ob der Kunde bereit ist, diese zu vergüten). Jeder Kategorie sind mehrere Erfolgsfaktoren zugeordnet, die auf einer umfassenden Literaturanalyse basieren und die entsprechenden Kategorien näher beschreiben (Abb. 3.17). Sie sind so ausgewählt, dass sie möglichst überschneidungsfrei und für den Geschäftserfolg von Unternehmen beim Anbieten von Smart Services als besonders kritisch ausfallen.

Zuerst werden die Faktoren von einem Smart Service Portfolio Manager ausgewählt und unternehmensindividuell gewichtet. Die Gewichtungen werden prozentual angegeben und können im Zeitverlauf nachjustiert werden. Im Anschluss wird die Ausprägung der Faktoren jedes einzelnen Smart Services ermittelt, was dem geschätzten Nutzwert dessen entspricht. Die Ausprägung kann durch Einschätzungen von Experten ermittelt werden, denen zur Hilfestellung Statements vorgelegt werden. Diesen stimmen sie zu oder lehnen sie ab. Die vergebenen Punkte und die festgelegte Gewichtung je Faktor werden dann in eine Tabelle eingetragen und miteinander multipliziert. Daraus ergibt sich einerseits ein spezifischer Nutzwert je Smart Service und andererseits der

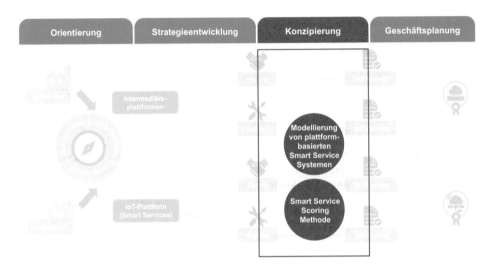

Abb. 3.15 Strategielandkarte: Methoden zur Konzipierung

Abb. 3.16 Kategorien eines
Smart Service Portfolios

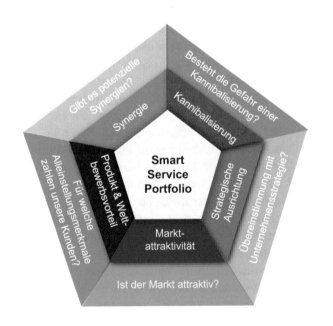

Gesamtnutzwert eines ganzen Smart Service Portfolios für das Unternehmen. Indem der Smart Service Portfolio Manager eine Sensitivitätsanalyse anschließt und einzelne Gewichtungen variiert, kann die Veränderung des Gesamtnutzwerts eines Portfolios simuliert werden. Die Ergebnisse aus diesem ersten Schritt bieten eine schnelle und gute Entscheidungsgrundlage, welche Services auf einer Plattform bevorzugt angeboten werden sollten, noch bevor kostenintensive Investitionen entstehen. Allerdings wird noch nicht

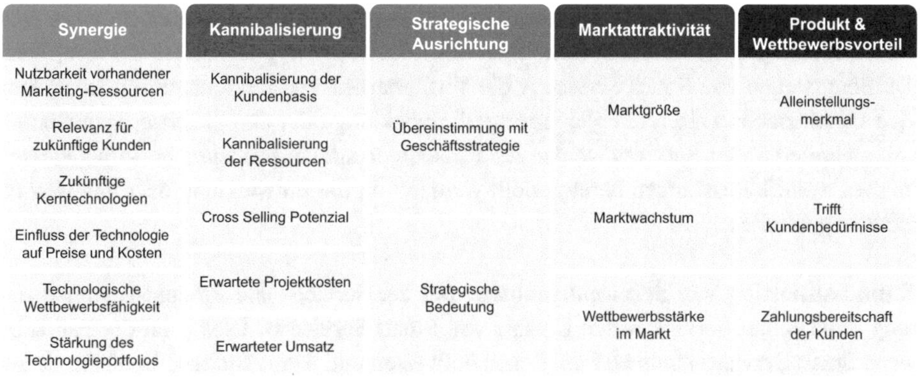

Synergie	Kannibalisierung	Strategische Ausrichtung	Marktattraktivität	Produkt & Wettbewerbsvorteil
Nutzbarkeit vorhandener Marketing-Ressourcen	Kannibalisierung der Kundenbasis		Marktgröße	Alleinstellungs-merkmal
Relevanz für zukünftige Kunden	Kannibalisierung der Ressourcen	Übereinstimmung mit Geschäftsstrategie		
Zukünftige Kerntechnologien	Cross Selling Potenzial		Marktwachstum	Trifft Kundenbedürfnisse
Einfluss der Technologie auf Preise und Kosten				
Technologische Wettbewerbsfähigkeit	Erwartete Projektkosten	Strategische Bedeutung	Wettbewerbsstärke im Markt	Zahlungsbereitschaft der Kunden
Stärkung des Technologieportfolios	Erwarteter Umsatz			

Abb. 3.17 Erfolgsfaktoren für die Erstellung und Bewertung eines Smart Service Portfolios

ersichtlich, welche Abhängigkeiten zwischen den Services bestehen und wie diese sich gegenseitig beeinflussen.

Im zweiten Schritt werden daher Synergie- und Kannibalisierungseffekte zwischen den Smart Services untersucht. Ziel ist hierbei die Erarbeitung von in sich schlüssigen Servicekombinationen. Gleichzeitig wird hiermit die Grundlage zur Entwicklung des Geschäftsmodells geschaffen. Es wird dargestellt, inwiefern das Anbieten eines Smart Services sich vorteilig oder nachteilig auf das Anbieten eines anderen Smart Services auswirkt. Betrachtet werden die folgenden Aspekte:

Synergien von Serviceressourcen: Die Kosten für einzelne Services sinken, weil sich die Kosten auf zwei oder mehr Services aufteilen lassen. Dies ist darauf zurückzuführen, dass bestimmte Aspekte zur Leistungserstellung für Services in Plattformen standardisiert werden können (Sawhney 1998; Shostack 1987). Die Kostensenkung wirkt sich dabei auf operative Ressourcen, Entwicklungsressourcen, Marketingressourcen und Managementressourcen aus. Z. B. kann eine IoT-Plattform Sensordaten für mehrere Services bereitstellen, sodass die Kosten für die Entwicklung der IoT-Plattform auf mehreren Services lasten.

Nutzensynergien: Diese entstehen für den Plattformbetreiber, wenn ein Smart Service den Umsatz eines anderen Smart Service steigert. Dies ist der Fall, wenn die beiden Services sich komplettieren und zusammen einen höheren Kundennutzen darstellen. Bspw. stellt der Service *Verwaltungsfunktion* übersichtlich den Materialbedarf dar und die *automatisierte Bestellfunktion* vereinfacht dessen Ausgleich. Insgesamt entsteht ein erleichterter Bestellprozess. Über eine Plattform können verschiedene Produzenten ihre Smart Services gegenseitig ergänzen und so insgesamt eine größere Nutzensynergie – sowohl für sich als auch für den Konsumenten – auf der Plattform erzeugen.

Kannibalisierung von Serviceressourcen: Zur Bereitstellung von Smart Services sind Serviceressourcen erforderlich. Benötigen zwei Services die gleichen Ressourcen, kann das Bereitstellen von Smart Service A die Verfügbarkeit von Ressourcen für Smart Service B reduzieren. Durch die gleichzeitige Entwicklung oder den gleichzeitigen Betrieb von mehreren Smart Services werden die Ressourcen stärker beansprucht. Infolgedessen müssen weitere Ressourcen bereitgestellt werden, um die Entwicklung oder den Betrieb nicht zu gefährden.

Kannibalisierung von Serviceangeboten: Bei der Service- und Produkt-Kannibalisierung senkt Smart Service A den Umsatz von Smart Service B. Dies kann der Fall sein, wenn Smart Services ähnliche Funktionen aufweisen und damit ähnliche Bedürfnisse ansprechen, sodass Kunden sich nur für einen der beiden Services entscheiden. Das kann den Umsatz eines Serviceanbieters reduzieren, indem z. B. ein niedrigpreisiger Service einen Höherpreisigen ersetzt. So kann z. B. ein Car-Sharing Anbieter auf einer Plattform E-Roller verleihen. Konsumenten, die zuvor kurze Strecken mit Autos des Car-Sharing Anbieters überbrückt haben, nutzen nun das deutlich günstigere Rollerangebot, wodurch die Einnahmen beim Car-Sharing Anbieter insgesamt sinken.

3.4.2 Modellierung von plattformbasierten Smart Service Systemen

Wenn ausgewählte Smart Services als Leistungen über ein Plattform-Geschäftsmodell angeboten werden sollen, stehen Unternehmen vor der Herausforderung, mit der Plattform ein komplexes sozio-technisches Smart Service System entwickeln zu müssen, das vernetzte Akteure, Smart Products und die IT-Infrastruktur der technischen Plattform beinhaltet. Speziell für die Modellierung eines plattformbasierten Smart Service System wurde eine Modellierungssprache entwickelt, die explizit Elemente dieses Systems einbezieht. Dabei müssen jedoch in einem komplexen unternehmensübergreifenden Entwicklungsprozess alle relevanten Elemente identifiziert und iterativ spezifiziert werden. Die Akteure und ihre Aufgaben für die Leistungserbringung und die gemeinsame Wertschöpfung sowie die Interaktionspunkte zwischen diesen Akteuren müssen ausgestaltet werden. Wurde ein Konzept für ein Smart Service System entworfen, ist dieses für alle an der Entwicklung und Bereitstellung der Smart Products beteiligten Parteien relevant. Daher benötigen Unternehmen eine Modellierungssprache, um ihr Konzept je nach Phase des Entwicklungsprozesses in unterschiedlichem Detaillierungsgrad zu modellieren und kommunizieren (Lüttenberg 2020).

Die Verwendung dieser dargestellten Modellierungssprache bietet folgende Mehrwerte, auch übertragbar auf andere Typen digitaler Plattformen:

- Die Abbildung verschiedener Rollen in einem Smart Service System, einschließlich Smart Products und digitaler Plattformen. Dadurch kann ein Unternehmen die erforderlichen Kompetenzen und Ressourcen identifizieren und entscheiden, welche Rolle(n) es in diesem System einnehmen will sowie welcher Bedarf an Partnern besteht.

- Eine Zuweisung von Aufgaben zur gemeinsamen Wertschöpfung an verschiedene Akteure. So können Anforderungen an die technische und organisatorische Umsetzung des Smart Service System abgeleitet werden.
- Die Modellierung von Schnittstellen und Boundary Objects zwischen den Akteuren. Dies ermöglicht Entwicklern, an den Schnittstellen zwischen den Akteuren, ihren Aktivitäten und Verantwortlichkeiten Punkte der Interaktion und Ressourcenintegration zu identifizieren und spezifizieren.
- Möglichkeit zur Modellierung von Smart Service Systemen auf verschiedenen Abstraktionsebenen. Ein Entwickler kann das Modell während des Serviceentwicklungsprozesses detailliert darstellen und dieses gleichzeitig als Grundlage für die Kommunikation auf einer höheren Ebene verwenden.

Der Startpunkt für die Modellierung ist eine Anordnung der Rollen in dem plattformbasierten Smart Service System. Ausgehend von dem zu modellierenden Plattformtypen unterscheidet sich diese (Abb. 3.18).

Um die Komplexität beherrschen zu können, bietet die Modellierungssprache einen Container als grundlegende Elementstruktur. Dieser besteht aus einem Kopf und einem Körper. Der Kopf enthält die grafische Notation des Konstrukts, seine Bezeichnung und einen Namen. Der Körper beinhaltet die Spezifikation des Elements und kann in frühen Entwicklungsphasen ausgelassen werden. In späteren Phasen wird der Körper zur Spezifikation des Elements jedoch wieder herangezogen. Für jedes Konstrukt existiert ein grafisches Symbol (s. Abb. 3.19), das sich deutlich von den anderen unterscheidet. Darüber hinaus suggeriert die Gestalt des Symbols auch die Konzeptbedeutung.

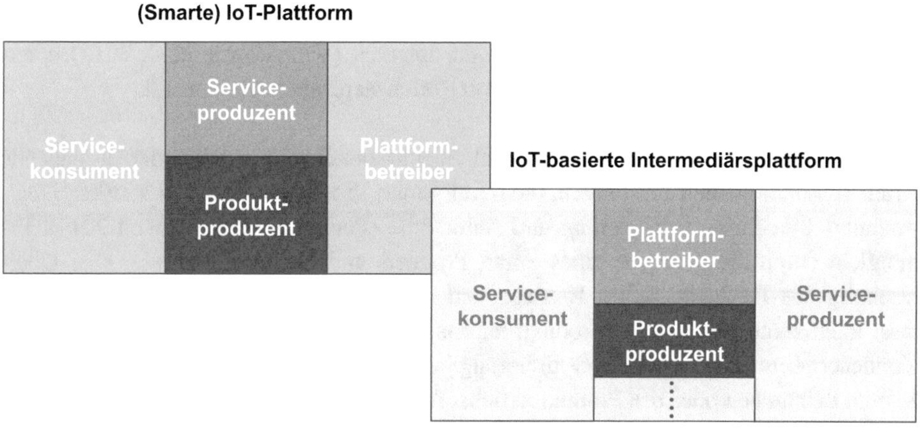

Abb. 3.18 Anordnung der Rollen im Smart Service System

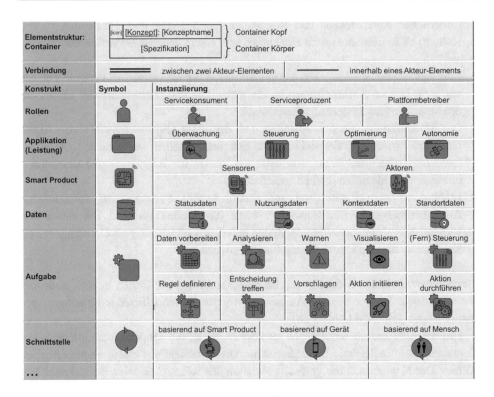

Abb. 3.19 Grafische Notation für die Plattformmodellierung (Auszug)

Folgende Elemente können modelliert werden, sind jedoch als beispielhaft und nicht vollständig und ausschöpfend zu verstehen:

Rollen: In der Literatur über digitale Plattformen wird im Wesentlichen zwischen der Rolle des Plattformbetreibers (Gawer und Henderson 2007), der Produzenten (Van Alstyne et al. 2016) und der Rolle der Konsumenten (Van Alstyne et al. 2016) unterschieden. Zu Definition und Verständnis von Rollen siehe auch Abschn. 1.2.

Applikationen (Leistungen): Porter et al. identifizieren vier aufeinander aufbauende Arten von intelligenten Leistungen, die durch Smart Products ermöglicht werden: Überwachung, Steuerung, Optimierung und Autonomie (Porter und Heppelmann 2014). Ermöglicht durch die Sensoren eines Smart Products und externen Daten ist eine Überwachung des Produkts, seines Betriebs und seiner Nutzung möglich. Steuerung umfasst intelligente Dienste, die Produktfunktionen steuern und somit eine personalisierte Kundenerfahrung ermöglichen. Optimierung bezieht sich auf eine Verbesserung von Prozessen, Leistungen oder des Produktbetriebs. Autonomie beschreibt das autonome Agieren von Smart Products oder Plattformen (Huber et al. 2019).

Schnittstellen: Paukstadt et al. identifizieren drei Arten von Schnittstellen zum Kunden: Gerätebasierte, intelligente Produkt-basierte und Mensch-basierte (Paukstadt et al. 2019). Gerätebasierte Schnittstellen beschreiben Clients (Web-Anwendungen), auf die der Kunde über Geräte (Smartphones oder Tablets) zugreifen kann, die nicht in das Smart Product eingebettet sind. Die Bereitstellung der Services über das Smart Product ist also definiert als intelligente Produkt-basierte Schnittstelle. Mensch-basierte Schnittstellen treten auf, wo Menschen zusätzlich zur Bereitstellung von Smart Services persönlich interagieren, um in einem Smart Service System gemeinsam Wert zu schaffen (persönliche Beratungsdienste).

Aufgaben: PS[3] zielt auf die Zuweisung von Aufgaben an Akteure im Sinne von (technischen) Designentscheidungen. Daher liegt der Schwerpunkt auf Aufgaben für die erweiterte Datenanalyse und Selbst-X-Fähigkeiten, einschließlich Datenvorbereitung, -analyse, -änderung, -visualisierung, (Fern-)Steuerung, Definition von Regeln, Entscheidungsfindung, Empfehlung und Initiierung und Durchführung von Aktionen (Beverungen et al. 2019; Porter und Heppelmann 2014; Huber et al. 2019).

Daten: Vier verschiedene Arten von Daten werden durch Smart Products gewonnen: Statusdaten, Nutzungsdaten, Kontextdaten und Standortdaten (Beverungen et al. 2019).

Intelligentes Produkt (Smart Product): Beverungen et al. (2019) identifizieren sieben Eigenschaften von Smart Products, von denen der Standort, die Datenspeicherung und -verarbeitung sowie die Schnittstellen durch zuvor beschriebene Konstrukte abgedeckt werden. Eine eindeutige ID und Konnektivität sind nicht als Konstrukte enthalten, aber die Konnektivität wird in der grafischen Notation der PS3-Modellierungssprache berücksichtigt. Die verbleibenden Eigenschaften von Smart Products sind daher Sensoren, die Daten erfassen, und Aktoren, die physikalische Aktionen ausführen.

3.5 Geschäftsplanung: Geschäft planen und umsetzen

Nachdem die strategische Stoßrichtung bestimmt, die Geschäftsidee definiert und die zugehörigen konkreten Leistungen ausgearbeitet sind, gilt es die gewonnenen Erkenntnisse in einem detaillierten Geschäftsmodell zu strukturieren. Für den Pfad der Smart Services auf Basis technischer, z. B. IoT-Plattformen, kann an dieser Stelle auf die Geschäftsmodellentwicklung nach Gausemeier et al. (2017) zurückgegriffen werden. Da außerdem die reine Ergänzung des bestehenden Geschäftsmodells eines Unternehmens um weitere, Smart Services weniger komplex ist als der Aufbau eines ganz neuen Plattform-Geschäftsmodells mit unbekannten Mechanismen, gilt Letzterem in dieser Phase der alleinige Fokus. Es werden insbesondere auch bisher mangelnde Methoden vorgestellt, die eine Bewertung von Plattform-Geschäftsmodellen als Intermediäre nach Wirtschaftlichkeitskennzahlen ermöglichen. (Abb. 3.20)

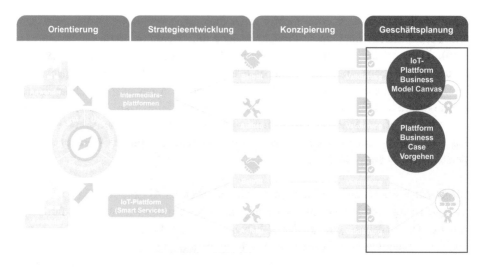

Abb. 3.20 Strategielandkarte: Methoden zur Geschäftsplanung

Zentrales Konzept bildet zuerst die IoT-Plattform Business Model Canvas (Abschn. 3.5.1). Sie dient dazu, ein Geschäftsmodell für IoT-basierte- und andere Intermediärsplattformen in allen Dimensionen vollständig zu erfassen. Ausgehend von diesem Konzept werden sogenannte Partialmodelle erarbeitet, die eine tiefergehende Gestaltung des Geschäftsmodells erlauben. In Abgrenzung zur Methode zur Modellierung von plattformbasierten Smart Services (Abschn. 3.4.2) unterliegt dieses Konzept (Canvas und Partialmodelle) einer anderen Struktur. In Teilbereichen kann das Konzept als Alternative gesehen werden, bereitet aber zusätzlich darauf vor und sollte dann gewählt werden, um eine quantitative, d. h. Wirtschaftlichkeitsbewertung des Geschäftsmodells anzuschließen.

Zur Abschätzung der Tragfähigkeit des Geschäftsmodells und Investitionsrisikos liefert das Projektergebnis abschließend ein Vorgehen zur Berechnung eines Plattform Business Case (Abschn. 3.5.2). Dieser Ansatz stellt ebenfalls auf IoT-basierte Intermediärsplattformen ab. In seiner Grundstruktur kann er jedoch auch für die Bewertung von Smart Services oder technischen Plattformen vereinfacht angewandt werden.

3.5.1   IoT-Plattform Business Model Canvas

Die IoT-Plattform Business Model Canvas dient für den detaillierten Entwurf des Geschäftsmodells für Intermediärsplattformen und der Vorbereitung der anschließenden Geschäftsmodellbewertung innerhalb eines Business Cases (Abb. 3.21).

Die Canvas gliedert sich in insgesamt vier Abschnitte: Die drei auszufüllenden Bereiche *Value Delivery*, *Value Creation* und *Value Capture* sowie eine Checkliste. Die vier

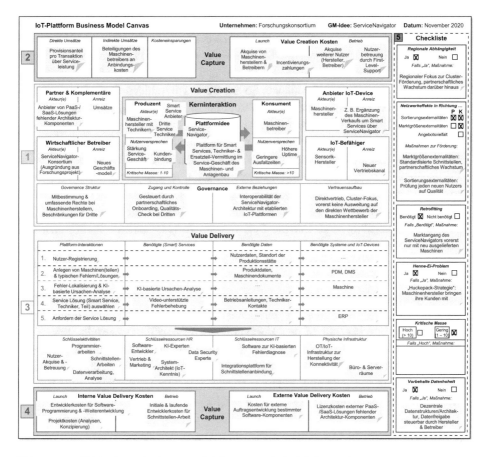

Abb. 3.21 IoT-Plattform Business Model Canvas am Beispiel *ServiceNavigator*

Bereiche unterliegen einer Ausfüllreihenfolge, die bei der Verwendung der Canvas eingehalten werden sollte. Die Bereiche Value Delivery, Value Creation und Value Capture
orientieren sich an den Geschäftsmodelldimensionen digitaler Plattformen nach Täuscher et al. (2017). Die dargestellte Canvas ist ein Ergebnis mehrerer Iterationen von
Workshops, die im Rahmen des Projekts zusammen mit den Pilotpartnern durchgeführt
wurden. Im Folgenden werden die einzelnen Abschnitte der Canvas sowie deren Anwendung anhand eines Beispiels erläutert.

1. **Value Creation**: In diesem Bereich wird spezifiziert, wie durch die Plattform Werte
   geschaffen werden und welche Akteure dabei beteiligt sind. Im ersten Schritt wird
   dazu die Kerninteraktion beschrieben, die zwischen Produzenten und Konsumenten
   stattfindet. Für beide Akteursgruppen ist zusätzlich das Nutzenversprechen zu formulieren. Die Einschätzung der kritischen Masse an Akteuren hilft dabei, ein Gefühl für
   die Struktur und Größe des Plattform Ökosystems zu bekommen.

Im zweiten Schritt werden weitere Rollen im Ökosystem betrachtet. Neben den bekannten Rollen von Intermediärsplattformen ist der Anbieter IoT-Device zu benennen. Dieser stellt die Produkte her, die die technische Basis der Plattform bilden. Andere Unternehmen sind in der Rolle des Befähigers und unterstützen Plattformbetreiber bei deren Entwicklung zum IoT-Anbieter. So hat der IoT-Befähiger die Aufgabe, alle benötigten Devices (Things) durch z. B. Retrofitting „IoT-fähig" zu machen.

Im dritten Schritt werden die Governance-Mechanismen für die Plattform entwickelt. Da auf einer Plattform eine Vielzahl an Akteuren miteinander interagiert, müssen klare Regeln geschaffen werden, um die Nutzer dauerhaft zufrieden zu stellen. Im Governance-Element wird definiert, welche Akteure welche (Entscheidungs-)Rechte und Pflichten haben. Im Feld Zugang und Kontrolle wird beschrieben, wie offen der Zugang zur Plattform gestaltet werden soll und welche Mechanismen zur (Qualitäts-)Kontrolle nötig sind. Externe Beziehungen zu z. B. anderen Plattformen über APIs sind ebenfalls zu beschreiben. Der Vertrauensaufbau ist insbesondere in Märkten wichtig, in denen ein hoher Wettbewerbsdruck und Misstrauen gegenüber Marktbegleitern herrscht.

2. **Value Capture (für Value Creation)**: Dieser Bereich ist in die Felder Erlöse (unter Abschn. 3.5.2 als Nutzentreiber bezeichnet) und Value Creation Kosten (unter Abschn. 3.5.2 als ein Teil in den Kostentreibern inbegriffen) unterteilt. Erlöse setzen sich aus drei Bereichen zusammen. Direkte Umsätze (in Abschn. 3.5.2 direkte Nutzentreiber) werden unmittelbar durch die Plattform erzeugt (z. B. durch Transaktions- oder Teilnahmegebühren). Indirekte Umsätze (in Abschn. 3.5.2 indirekte Nutzentreiber) ergeben sich durch Cross-Selling Effekte und weitere, monetär nachweisbare Einflüsse auf andere Geschäftsfelder des Unternehmens. Kosteneinsparungen bilden weiteren Nutzen eines Geschäftsmodells, abseits neuer Umsätze.

   Value Creation Kosten sind Kosten, die durch den Aufbau der Community durch z. B. monetäre Incentivierung der Kernakteure entstehen. Diese werden in Launch- und Betriebskosten unterschieden (aufgegriffen in Abschn. 3.5.2). Es ist wichtig für diesen Bereich insgesamt anzumerken, dass große Schnittmengen der Felder mit den Elementen des Plattform Business Case Vorgehen existieren. Die gewonnenen Erkenntnisse können daher in groben Zügen in den späteren Business Case überführt werden.

3. **Value Delivery:** Im Bereich Value Delivery wird spezifiziert, was der Plattformbetreiber leisten muss, um das zuvor beschriebene Ökosystem und die Nutzenversprechen für die Akteure zu realisieren. Ein zentraler Aspekt sind dabei die Plattform-Interaktionen, die angeboten werden. Eine Plattform-Interaktion beschreibt dabei ein nutzenbringendes Zusammenfinden von Produzenten und Konsumenten auf der Plattform. Neben dem Titel der Interaktion werden benötigte (Smart) Services identifiziert. Diese zeichnen sich dadurch aus, dass sie auf Daten des IoT-Devices aufbauen. Außerdem sind sie häufig die Basis für Transaktionen in IoT-basierten Plattform-Geschäftsmodellen. Zusätzlich werden die benötigten Daten sowie benötigte Systeme und IoT-Devices beschrieben, die diese Daten liefern. Aus den Interaktionen werden

anschließend Schlüsselaktivitäten, Schlüsselressourcen (HR und IT) und benötigte physische Infrastruktur abgeleitet.

4. **Value Capture (für Value Delivery):** In diesem Bereich wird zusammengefasst, welche internen und externen Kosten für den Aufbau und Betrieb der Plattform entstehen. Interne Value Delivery Kosten entstehen durch eigene Wertschöpfung im Unternehmen. Externe Value Delivery Kosten werden für die Beauftragung von Dritten aufgewendet. Auch hier wird zwischen Launch- und Betriebskosten unterschieden. Ebenso greift hier wieder der Hinweis, die Listung der Kosten als grundlegende Kostentreiber im Business Case anzusetzen.

5. **Checkliste:** Mithilfe der Checkliste werden weitere in Kap. 2 aufgearbeitete Herausforderungen beim eigenen Aufbau einer Intermediärsplattform aufgegriffen. Die Checkliste soll im letzten Schritt dazu genutzt werden, das erarbeitete Geschäftsmodell hinsichtlich dieser Herausforderungen zu hinterfragen. Lassen sich Gestaltungsentscheidungen nur schwer ändern, braucht es Maßnahmen zur Stärkung positiver und Abschwächung negativer Effekte.

Im Anschluss an die IoT-Plattform Business Model Canvas gilt es, die einzelnen Aspekte im Detail zu spezifizieren. Dazu werden drei analoge Partialmodelle, nämlich das *Value Creation Model*, *Value Delivery Model* und *Value Capture Model*, geboten und im Verlauf an einem Beispiel erläutert:

Das **Value Creation Model** dient zur detaillierten Spezifikation der Wechselwirkungen zwischen den beteiligten Akteuren und der Plattform. Ziel ist die Modellierung eines konsistenten Ökosystems. Abb. 3.22 zeigt den Auszug eines Value Creation Models sowie das Value Delivery und Value Capture Models am Beispiel des Service-Navigators. Hierbei handelt es sich um eine Plattform für Smart Services zur Optimierung der Fehlerbehebung und des Servicegeschäfts im Maschinen- und Anlagenbau. Im gezeigten Beispiel wird der Kernakteur *Produzent* repräsentiert durch die Maschinenhersteller, Smart Service Anbieter und dritte Anbieter von Service-Leistungen (z. B. Service-Techniker). Den Akteur *Konsument* bilden die Maschinenbetreiber ab. Beim Nutzen, z. B. für den Plattformbetreiber selbst, wird auch hier zwischen dem direkten Umsatz (Einbehalten von Provisionsanteilen pro abgewickelter Service-Transaktion) und dem indirekten Umsatz bzw. Nutzen unterschieden. Die einmaligen Launchkosten entstehen in der Investitionsphase, wenn bspw. Software-Entwicklung für die Plattform selbst oder am hierauf laufenden KI-basierten Service zur Fehlerdiagnose getätigt werden muss. Die laufenden Kosten fallen ab der Inbetriebnahme des Plattform-Geschäftsmodells an, z. B. durch Weiterentwicklungs- und Wartungsaufwände für die Software.

Das **Value Delivery Model** hat das Ziel, die geplanten Interaktionen, die über die Plattform realisiert werden sollen, zu detaillieren. Der Aufbau ist dabei an einen Service Blueprint angelehnt und gliedert sich in zwei Blöcke (Produzenten und Konsumenten) sowie innerhalb der Blöcke in drei sogenannte *Swimlanes*. Auf Ebene der

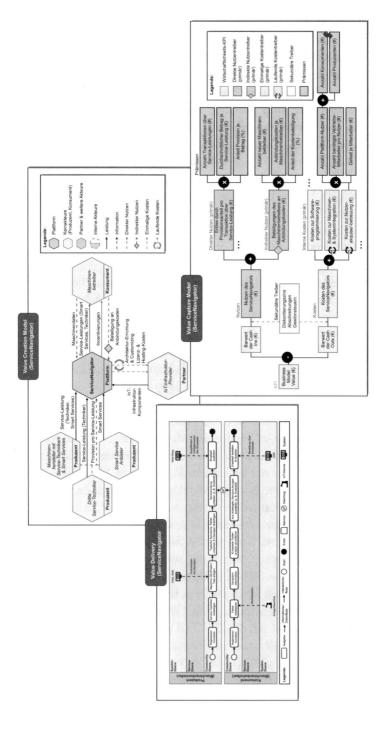

Abb. 3.22 Value Creation Model, Value Delivery Model und Value Capture Model

Swimlanes wird zwischen Community- und Service- (Datenmanagement-Ebene nach der Klassifikation in Abschn. 2.3.1) sowie System-Ebene (Infrastruktur-Ebene nach der Klassifikation in Abschn. 2.3.1) unterschieden. Auf der Community-Ebene werden die Aufgaben bzw. Schritte von Produzenten und Konsumenten sowie die Interaktionen zwischen den beiden Akteuren erfasst (ähnlich dem Element *Aufgabe* in der Methode zur Modellierung plattformbasierter Smart Services in Abschn. 3.4.2). Die Produzenten und Konsumenten der Service-Leistungen auf der ServiceNavigator-Plattform starten bspw. mit einer Registrierung. Während die Produzenten ferner Daten hinterlegen, wie typischerweise auftretende Fehler und passende Lösungen, durchlaufen die Konsumenten auf dieser Basis die KI-basierte Fehlerdiagnose. Mit dem Matching und der Bereitstellung einer fehlerspezifischen Service-Lösung und Serviceeinsatz-Dokumentation endet der letzte Schritt auf der Plattform. Welche Services und Systeme zu integrieren sind, um die für die Aufgaben notwendigen Daten zu erhalten – in diesem Beispiel unter anderem Betriebsanleitungen oder Daten aus ERP-Systemen – wird schließlich auf den anderen beiden Ebenen abgeleitet.

Das **Value Capture Model** überträgt die im Value Creation und Value Delivery Model ausgearbeiteten Geschäftsmodell-Elemente in ein Treibermodell aus Kosten- und Nutzentreibern. Es ist daher zwingend notwendig, die anderen Modelle vorher zu bearbeiten. Da das Value Capture Model bereits integraler Bestandteil des Vorgehens zur Bewertung des Pattform-Geschäftsmodells im Business Case ist, wird an dieser Stelle auf die nähere Erläuterung in Abschn. 3.5.2 verwiesen.

3.5.2 Plattform Business Case Vorgehen

Am Ende jeder Geschäftsmodellkonzipierung rund um eine neue Idee stellt sich die Frage nach dem Wagnis zur Umsetzung. Basierend auf der zuvor bearbeiteten IoT-Plattform Business Model Canvas wird als letztes Konzept daher ein Vorgehensmodell präsentiert, um eine Plattformidee samt Geschäftsmodell hinsichtlich ihrer Wirtschaftlichkeit zu bewerten. Die Betrachtung des Smart Service Pfads wird im weiteren Verlauf vernachlässigt, wenngleich Smart Services auch ein Leistungsbaustein einer Intermediärsplattform sein können. Daher ist eine Adaption des in diesem Kapitel vorgestellten Grundprinzips auch für Smart Services möglich.

Der Entschluss, ob in ein neu entwickeltes Plattform-Geschäftsmodell investiert wird oder nicht, erfordert eine fundierte Entscheidungsgrundlage. Diese zeigt auf, welche Geschäftsplanung für die neue Plattform zukünftig angenommen wird und ob sich die Planung als vorteilhaft erweist. Bei Geschäftsmodellinnovationen durch etablierte, klassischerweise produzierende B2B-Unternehmen ist weiterhin die Wirtschaftlichkeit ein wichtiges Kriterium. Sie kann in Form eines Business Cases errechnet und als Kennzahl (KPI), z. B. als Kapitalwert des Geschäftsmodells (Business Model Value), wiedergegeben werden. Da die quantitative Bewertung von Plattform-Geschäftsmodellen viele

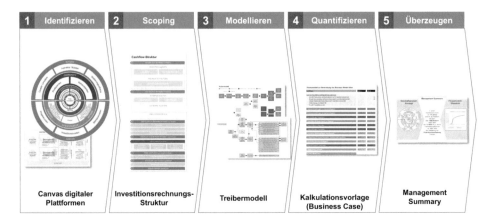

Abb. 3.23 Plattform Business Case Vorgehen

(externe) Abhängigkeiten, Wechselwirkungen und indirekte Effekte zu berücksichtigen hat, erfordert sie ein schrittweises und interdisziplinäres Vorgehen (Abb. 3.23).

Identifizieren: Im ersten Schritt sieht das Vorgehen vor, sich auf ein Konzept zu berufen, mit dem sich alle Geschäftsmodell-Elemente ausreichend granular beschreiben lassen. So kann bspw. die IoT-Plattform Business Model Canvas von (Abschn. 3.5.1) herangezogen werden, die in ihrer Value Capture Dimension bereits ermöglicht, Kosten- und Nutzentreiber zu listen. Alternativ ist eine eigens für dieses Vorgehen entwickelte Digital Plattform Canvas heranzuziehen. Diese erfasst auf alternative Weise die Kernelemente einer Intermediärsplattform (Kerninteraktion, Community und Infrastruktur), zwingt allerdings zu einer deutlich genaueren und strukturierteren Listung von Kosten- und Nutzentreibern (Abb. 3.24).

Plattformen als Geschäftsmodell weisen als Nutzentreiber-Kategorien die in Abschn. 3.5.1 bereits benannten direkten Nutzentreiber (Umsätze), indirekten Nutzentreiber sowie die an dieser Stelle auch für die Quantifizierung zu berücksichtigenden Skalierungseffekte auf. Letztere stellen keine zusätzliche Nutzenquelle dar, sondern beschreiben den idealerweise exponentiellen Verlauf der anderen beiden Nutzentreiber über Zeit.

Um den gelisteten direkten Umsatz zu quantifizieren, ist zuerst zu definieren, welches Community-Segment (Produzenten, Konsumenten) tatsächlich zur Zahlung gebeten wird (Money Side) und welches z. B. aufgrund seiner strategischen Bedeutung Subventionen erhält (Subsidy Side). Abhängig davon, welche Leistung die Community-Segmente auf welche Weise auf der Plattform transferieren, bestimmt sich das Erlösmodell. Z. B. können bei einem Plattformbeitritt zur Einmal- oder unregelmäßigen Transaktion Beitrittsgebühren erhoben werden. Findet die Transaktion hingegen regelmäßig fortdauernd statt, sind Transaktionsgebühren die Umsatzquelle. Auch die Bezahlung bei Nutzung (Pay-

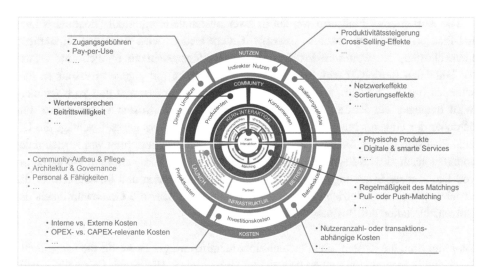

Abb. 3.24 Digital Plattform Canvas

per-Use), die Bezahlung für erweiterte Funktionsbereiche oder die Zahlung nach einer gewissen Zeit (Freemium) können Quellen direkter Umsätze sein.

Weniger aktiv gestaltbar aber gleichermaßen zu bemessen sind die indirekten Nutzen-treiber, die sich in zwei Kategorien gliedern lassen (siehe auch IoT-Plattform Business Model Canvas). Zum einen können sich Cross-Selling Effekte ergeben, wenn z. B. das Plattformangebot die Nachfrage nach Produkten des herkömmlichen Produktsorti-ments steigert. Diese Effekte können allerdings auch negativ ausfallen und sind dann als nutzenschmälernde Kannibalisierungseffekte (ähnlich der Kannibalisierungseffekte beschrieben in der Smart Service Scoring Methode) genauso zu berücksichtigen. Die zweite Kategorie bilden Produktivitätssteigerungen, die sich als Kosteneinsparungen äu-ßern können. Sie werden dann relevant, wenn durch den Launch einer neuen Plattform-Architektur z. B. alte Informationssysteme abgelöst und Software- und Hardwarekosten eingespart werden.

Als dritte Kategorie der Nutzentreiber sind für das konkrete Geschäftsmodell rele-vante Skalierungseffekte ausfindig zu machen. Ihre Relevanz ist so einzuschätzen, dass angegeben wird, ob die Effekte als stark oder leicht positiv, nicht vorhanden, leicht oder stark negativ ausfallen. Am Beispiel der direkten Netzwerkeffekte exemplarisch erläutert können diese auf Produzentenseite positiv und negativ ausfallen. Das bedeutet, dass mit jedem weiteren Produzenten, der einer Plattform beitritt, die Attraktivität des Beitritts für weitere Prodzenten exponentiell steigt oder sinkt. Auch sogenannte Sortierungseffekte, bei denen eher die Qualität einer Nutzermenge zählt, können Zu- oder Abnahme eines zahlenden Segments bedeuten. Diese Effekte sind durch Verankerungen, z. B. in der Plattform-Architektur oder den Governance-Mechanismen, steuerbar und dann als hö-here Investitionsausgaben, d. h. Kosten, in diesen Bereichen anzusetzen.

Die Kosten einer Plattform werden in zwei Bestandteile unterteilt (siehe auch hier: IoT-Plattform Business Model Canvas). Unterschieden wird zwischen einmaligen Launchkosten, die weiter in Projekt- und Investitionskosten zu trennen sind, sowie die laufenden Betriebskosten. Wird sich zur Realisierung mit eigenen Ressourcen entschieden (interne Kosten), sind diese als Personalkosten anzusetzen und zu berechnen. Wird hingegen ein Partner hinzugezogen, werden externe Kosten verbucht (oft entnehmbar der eingereichten Angebote oder Rechnungen). Ganz generell schlägt die Digital Plattform Canvas die inhaltliche Detaillierung und Strukturierung von Kosten unter anderem nach den Kategorien *Architektur*, *Governance* und *periphere Infrastruktur* vor. Die saubere Erfassung sämtlicher notwendiger Aktivitäten und Ressourcen für die Errichtung und den Betrieb der Plattform erhöht außerdem die Glaubwürdigkeit der Nutzenkalkulation des Business Cases.

Scoping: Sind die Kosten- und Nutzentreiber identifiziert, gilt es sie für die investitionskonforme Berechnung vorzubereiten und zu strukturieren. Hierzu wird eine Wirtschaftlichkeitskennzahl festgelegt, nach der das Unternehmenscontrolling die Vorteilhaftigkeit des neuen Plattform-Geschäftsmodell greifen und kommunizieren kann. Um z. B. den Kapitalwert des Geschäftsmodells (Business Model Value) zu errechnen, erfolgt das Scoping entlang der Cash-Flow-Struktur. Die Cash-Flow-Rechnung bildet die Grundlage zur späteren Kumulierung der jährlich erwarteten Zahlungsflüsse zum Business Model Value. Es empfiehlt sich eine Tabelle zu erstellen, die die Elemente des jährlichen Cash-Flows beinhaltet und in die sich zuerst einmal die identifizierten Kosten- und Nutzentreiber überführen lassen. Diese bilden die sogenannten primären Wirtschaftlichkeitstreiber ab und enthalten Zahlungsströme, die unmittelbar aus der Geschäftstätigkeit der Plattform resultieren. Da die reine Aufzählung der primären Wirtschaftlichkeitstreiber allein noch keine valide Wirtschaftlichkeitsrechnung darstellt, sind sekundäre, vom Geschäftsmodell unabhängige Wirtschaftlichkeitstreiber hinzuzuziehen. Hierbei handelt es sich unter anderem um Gewinnsteuern oder Diskontierungszinsen. Letztere erlauben z. B. die späteren Zahlungsflüsse alle einheitlich nach ihrem Wert zum Zeitpunkt der Investitionsentscheidung zu erfassen.

Modellieren: Nach einer ersten investitionstheoretisch konformen Strukturierung und Ergänzung der Treiber sind die einzelnen Positionen in einem Treibermodel (siehe Value Capture Model in Abschn. 3.5.1 und Abb. 3.25) zu modellieren. Insbesondere die indirekten Nutzentreiber sowie Skalierungseffekte sind ohne detaillierte Herleitung nicht unmittelbar monetär bzw. quantitativ zu bewerten. Auch grundsätzlich sollte eine direkte Übertragung der Treiber in eine Kalkulationsvorlage (z. B. Excel-Datei) vermieden werden, um ausreichend interdisziplinäre Beteiligung im Prozess zu ermöglichen. Während die Quantifizierung von Nutzentreibern Vertriebs- und Marketing-Mitarbeiter erforderlich macht, werden für die Bewertung von Kostentreibern IT-Experten benötigt. Erst die Einbindung von Controlling-Verantwortlichen gewährleistet die Validität und Qualität des späteren Business Cases.

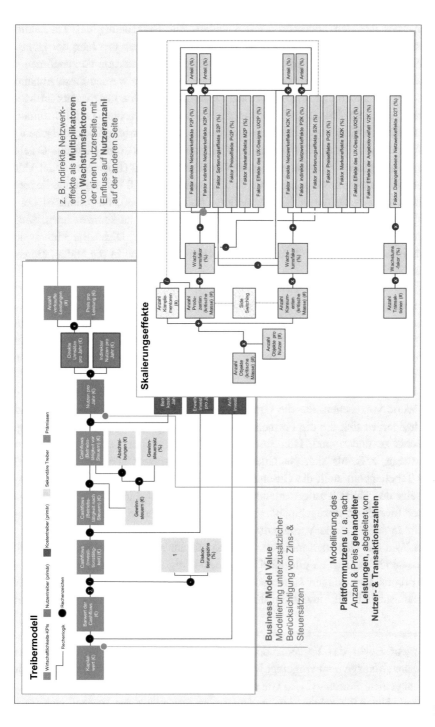

Abb. 3.25 Treibermodell (unter anderem für Skalierungseffekte)

Ziel ist es, je Treiber systematisch herzuleiten, welche konkreten Werte zu Anzahlen, Beträgen oder Anteilen angesetzt werden sollen. Zur Berechnung der Transaktionsgebühren sind bspw. Schätzungen zur Anzahl der Transaktionen pro Jahr, der Höhe der Transaktionssumme und z. B. zu dem Provisionsanteil je Transaktion vorzunehmen, den der Plattformbetreiber plant für sich einzubehalten. Verbunden werden diese Annahmen multiplikativ. So finden sich auf der tiefsten Detaillierungsebene ganz rechts im Modell damit unter anderem Prämissen über die Anzahl von Produzenten und Konsumenten wieder. Zusätzlich sind dort Annahmen zur Stärke der Netzwerkeffekte zwischen den beiden Akteuren zu finden. Ganz links im Treibermodell wiederum steht das Ergebnis, d. h. die ursprünglich ausgewählte Wirtschaftlichkeitskennzahl (Business Model Value). Die Kosten-, Nutzen- sowie sekundären Treiber werden gemäß der zugrunde liegenden Investitionsrechnung zu dieser KPI kumuliert (Abb. 3.25 links). Insgesamt ist bei der Durchführung der Modellierungsarbeiten zumindest ungefähr zu kennzeichnen, wie die einzelnen Werte mathematisch miteinander zusammenhängen. Diese Berechnungslogiken sind Grundlage zur Überführung der bisherigen Ergebnisse in die Kalkulationsvorlage im nächsten Schritt.

Quantifizieren: Dieser Schritt befasst sich mit der eigentlichen Quantifizierung, d. h. der Berechnung selbst. Vereinfacht gesagt erhalten die in der Cash-Flow-Struktur gelisteten Treiber (Ergebnis des Schritts Scoping) als Zeilen Einzug in die Kalkulationsvorlage. Die Berechnungslogiken aus den Treibermodellen (Ergebnis des Schritts Modellieren) sind wiederum Anhaltspunkt für die aufzusetzenden Formeln (Abb. 3.26):
Bei der Erstellung der Kalkulationsvorlage ist es ratsam, ein extra Tabellenblatt für diejenigen Werte vorzusehen, die die Grundlage der Formeln bzw. Berechnungen bilden. Hierbei handelt es sich um die Formeln bzw. Berechnungen, die im Treibermodell ganz unten rechts zu finden sind. Hier sollten auch die angenommenen Skalierungseffekte enthalten sein, z. B. als sich verstärkender Wachstumsfaktor von Nutzermengen. Ein weiteres Tabellenblatt stellt die Geschäftsentwicklung in detaillierter Form dar. Das Ergebnis zeigt den jährlich zu erwartenden, abgezinsten Cash-Flow sowie den zum Zeitpunkt der Investition anzunehmenden Business Model Value. Ein positiver Business Model Value steht für die Vorteilhaftigkeit des neuen Geschäftsmodells, während ein negativer Wert das Gegenteil indiziert. So kann mit nur einem Kennwert das Geschäftsmodell bewertet werden. Es gilt dabei zu berücksichtigen, dass sich digitale Geschäftsmodelle oft erst nach einigen Jahren positiv entwickeln, dann häufig exponentiell. Daher sollte grundsätzlich ein Investitionshorizont von mindestens 5 Jahren angenommen werden

Überzeugen: Bevor das Ergebnis der Bewertung zur Entscheidung dem budgetverantwortlichen Management vorgelegt wird, erfolgt in einem letzten Schritt die Erstellung einer Management Summary. Um von dem Plattform-Vorhaben zu überzeugen, sollte sie die wesentlichen KPIs zeigen. Das bedeutet eine Darlegung des Investitionshorizonts, die Ausweisung des Business Model Value und z. B. eine Zusammenfassung der wesent-

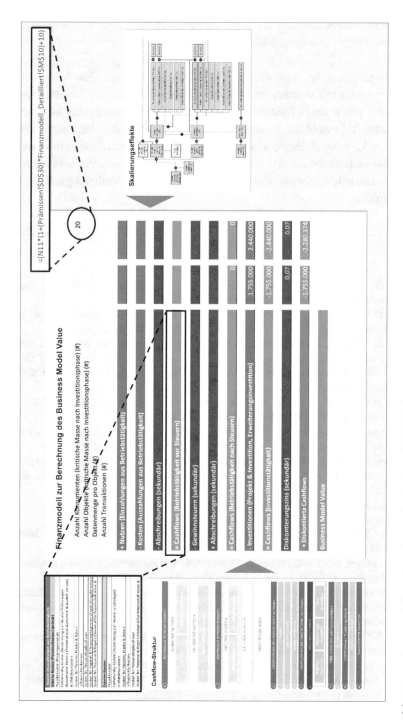

Abb. 3.26 Finanzmodell zur Berechnung des Business Model Value

lichen, kritischen Kosten- und Nutzentreiber. Bei Rückfragen zum Zustandekommen dieser Ergebnisse kann dann auf die zuvor umfangreich strukturierten, modellierten und quantifizierten Werte zurückgegriffen werden.

Wichtig hervorzuheben ist, dass sämtliche Schritte des Business Case Vorgehens nicht nur bei Intermediärsplattformen erfolgreich angewendet werden können. Auch für die Bewertung von anderen Investitionen rund um digitale Plattformen ist eine Adaption ergebnisreich. Sowohl die Bewertung einer technischen, rein für interne Datenverarbeitungszwecke ausgerichteten Plattform, als auch die Beurteilung einzelner Smart Services kann in Treibermodellen modelliert und investitionstheoretisch fundiert kalkuliert werden. Lediglich Aspekte wie Erlösmechanismen oder Skalierungseffekte ändern sich bzw. entfallen.

Literatur

Beverungen, D.; Müller, O.; Matzner, M.; Mendling, J.; vom Brocke, J. (2019) Conceptualizing Smart Service Systems. Electronic Markets, 29(1), S. 7–18

Boudreau, K.J.; Hagiu, A. (2009) Platform rules: multi-sided platforms as regulators. In: Gawer, A. (ed.) Platforms, markets and innovation, S. 163–191, Edward Elgar Publishing

Gausemeier, J.; Wieseke, J.; Echterhoff, B.; Isenberg, L.; Koldewey, C.; Mittag, T.; Schneider, M. (2017) Mit Industrie 4.0 zum Unternehmenserfolg –Integrative Planung von Geschäftsmodellen und Wertschöpfungssystemen, Geschäftsmodelle für Industrie 4.0, Heinz Nixdorf Institut, Universität Paderborn, Paderborn

Gawer, A.; Cusumano, M.A. (2002) Platform leadership. How Intel, Microsoft, and Cisco drive industry innovation. HBS Press, Boston, Massachusetts

Gawer, A.; Henderson, R. (2007) Platform owner entry and innovation in complementary markets: Evidence from Intel. Journal of Economics & Management Strategy, 16(1), S. 1–34

Geum, Y.; Jeon, H.; Lee, H. (2016) Developing new smart services using integrated morphological analysis – Integration of the market-pull and technology-push approach, Service Business, (10)3, S. 531–555

Huber, R.X.R.; Püschel, L.C.; Röglinger, M. (2019) Capturing smart service systems: Development of a domain-specific modelling language, Info Systems J 29, S. 1207–1255

Koldewey, C. (2021) Procedure for the Development of Smart Service-Strategies in Manufacturing, PhD-Thesis, Faculty for Engineering, University of Paderborn

Koldewey, C.; Meyer, M.; Stockbrügger, P.; Dumitrescu, R.; Gausemeier, J. (2020) Framework and Functionality Patterns for Smart Service Innovation. Procedia CIRP, 91, S. 851–857

Lüttenberg, H. (Dezember 2020) PS 3–A Domain-Specific Modeling Language for Platform-Based Smart Service Systems, In: International Conference on Design Science Research in Information Systems and Technology S. 438-450, Springer, Cham

Osterwalder, A.; Pigneur, Y.; Bernarda, G.; Smith, A. (2014) Value Proposition Design – How to Create Products and Services Customers Want. John Wiley & Sons, Hoboken, N.J.

Paukstadt, U.; Strobel, G.; Eicker, S. (2019) Understanding Services in the Era of the Internet of Things. A Smart Service Taxonomy. In: Proceedings of the 27th European Conference on Information Systems (ECIS). Stockholm & Uppsala, Schweden

Porter, M.E.; Heppelmann, J.E. (2014) How Smart, Connected Products Are Transforming Competition. Harvard Business Review 92, S. 64–88

Sawhney, M. S. (1998) Leveraged high-variety strategies: From portfolio thinking to platform thinking. Journal of the Academy of Marketing Science, 26(1), S. 54-61

Schneider, M. (2018) Spezifikationstechnik zur Beschreibung und Analyse von Wertschöpfungssystemen, Dissertation, Paderborn, Universität Paderborn

Shostack, G. L. (1987) Service positioning through structural change, Journal of marketing, 51(1), S. 34-43

Täuscher, K.; Hilbig, R.; Abdelkafi, N. (2017) Geschäftsmodellelemente mehrseitiger Plattformen, In: Schallmo, Daniel; Rusnjak, Andreas; Anzengruber, Johanna; Werani, Thomas; Jünger, Michael (Hrsg.): Digitale Transformation von Geschäftsmodellen – Grundlagen, Instrumente und Best Practices, Wiesbaden: Gabler, S. 179 – 212.

Van Alstyne, M.W.; Parker, G.G.; Choudary, S.P. (2016) Pipelines, platforms, and the new rules of strategy, Harvard Business Review 94, S. 54–62

Wortmann, F.; Flüchter, K. (2015) Internet of Things. Business & Information Systems Engineering 57, S. 221–224

Umsetzungsbeispiele aus dem industriellen Mittelstand

4

Till Gradert, Mareen Vaßholz, Lars Binner, Nils Homburg und Udo Roth

Inhaltsverzeichnis

T. Gradert (✉)
Unity AG, Büren, Deutschland
E-Mail: till.gradert@unity.de

M. Vaßholz · L. Binner · N. Homburg
WAGO GmbH & Co. KG, Minden, Deutschland
E-Mail: Mareen.Vassholz@wago.com

L. Binner
E-Mail: l.binner@wago.com

N. Homburg
E-Mail: Nils.Homburg@wago.com

U. Roth
DENIOS SE, Bad Oeynhausen, Deutschland
E-Mail: udr@denios.de

© Der/die Autor(en), exklusiv lizenziert an Springer-Verlag GmbH, DE, ein Teil von
Springer Nature 2024
D. Beverungen et al. (Hrsg.), *Digitale Plattformen im industriellen Mittelstand*,
Intelligente Technische Systeme – Lösungen aus dem Spitzencluster it's OWL,
https://doi.org/10.1007/978-3-662-68116-9_4

4.1   Pilotprojekt in der elektrischen Verbindungstechnik: Von der Plattformstrategie zur Umsetzung

In diesem Abschnitt wird beschrieben, wie WAGO auf Basis der in Abschn. 2 und 3 erarbeiteten Grundlagen und Methoden zum Thema digitale Plattformen erfolgreich eine
Strategie zum Einstieg in die Plattformökonomie entwickelt hat. Bei der Entwicklung
der Strategie wurde die Strategielandkarte aus Abschn. 3.1 als Rahmenwerk genutzt.

Zur Orientierung wird zu Beginn die Ausgangssituation und Zielstellung von WAGO
im Projektkontext dargestellt. Anschließend werden die Ergebnisse der *Orientierungsphase*, d. h. der Ist-Analyse von WAGO im Kontext der Plattformökonomie, vorgestellt.
Aufbauend auf diesen Erkenntnissen werden verschiedene Szenarien beschrieben, die
zukünftige Veränderungen der Plattformökonomie für WAGO antizipieren sollen und so
eine Vorausschau ermöglichen. Darüber hinaus werden die Ergebnisse einer Programmanalyse des WAGO Produktportfolios vorgestellt. Hierbei wird untersucht, ob sich das
heutige Produktportfolio für den Einstieg in die Plattformökonomie bereits eignet. Danach folgt die eigentliche *Strategieentwicklung*, die WAGO in Zukunft einen erfolgreichen Einstieg in die Plattformökonomie sicherstellen soll. Diese dient auch als
Rahmen für zukünftige Initiativen im Kontext der Entwicklung digitaler Plattformen.
Darauf aufbauend wird die Operationalisierung der Strategie, d. h. *Konzipierung* und *Geschäftsplanung*, anhand des Praxisbeispiels der digitalen Plattform *WAGO Creators* beschrieben. Zum Abschluss des Kapitels werden die Projektergebnisse zusammengefasst.

Um einen besseren Überblick über das Unternehmen WAGO zu erhalten, wird zuerst
das Unternehmensprofil vorgestellt:

Die WAGO Gruppe zählt zu den international richtungweisenden Anbietern der Ver-
bindungs- und Automatisierungstechnik sowie der Interface-Elektronik. Im Bereich der
Federklemmtechnik ist das familiengeführte Unternehmen Weltmarktführer. WAGO Produkte und Lösungen sorgen in der Industrie, in der Bahn- und Energietechnik, im Bereich Marine und Offshore sowie in der Gebäude- und Leuchtentechnik für Sicherheit
und Effizienz.

Seit der Gründung im Jahr 1951 ist WAGO stetig gewachsen und beschäftigt heute
weltweit etwa 8.500 Mitarbeiter, davon rund 4.000 in Deutschland am Stammsitz im

ostwestfälischen Minden und im thüringischen Sondershausen. Im Jahr 2020 betrug der Umsatz 950 Mio. Euro.

Mitglieder der WAGO Gruppe sind neun internationale Produktions- und Vertriebsstandorte, 22 weitere Vertriebsgesellschaften sowie der Softwarespezialist M&M Software. Hinzu kommen Vertretungen in über 80 Ländern, mit denen das Unternehmen weltweit präsent ist. WAGO produziert seit 1951 am Stammsitz Minden (Nordrhein-Westfalen), seit 1971 in Roissy (Frankreich), seit 1977 in Domdidier (Schweiz), seit 1979 in Milwaukee (USA) sowie seit 1990 im thüringischen Sondershausen und in Tokio (Japan). Weitere Produktionsstandorte befinden sich seit 1995 in Delhi (Indien) und seit 1997 sowohl in Tianjin (Volksrepublik China) als auch in Wroclaw (Polen) (Unternehmensprofil 2021).

4.1.1 Ausgangssituation und Zielsetzung

Als Hersteller von elektrischer Verbindungs- und Automatisierungstechnik sowie Interface Elektronik besitzt WAGO ein breites Produktspektrum, mit dem die unterschiedlichen Kundenanforderungen aus verschiedenen Branchen bedient werden. Neben dem sehr hardwarelastigen Produktportfolio bietet WAGO auch zunehmend digitale Marktleistungen, wie bspw. Konfiguratoren, Applikationen oder Cloud Lösungen an. Ziel dieser digitalen Angebote ist es, Interaktionen mit WAGO möglichst intuitiv und einfach zu gestalten. In diesem Zusammenhang wurden digitale Plattformen als Megatrend mit großem Erfolgspotenzial identifiziert. Große Plattform-Unternehmen wie *Amazon*, *Spotify* oder *Alibaba* haben mit der Entwicklung eigener digitaler Plattformen ganze Branchen im B2C-Bereich innoviert und ein völlig neues Kundenerlebnis geschaffen. Dieser Trend breitet sich zunehmend auch im B2B-Bereich aus und bietet Unternehmen wie WAGO die Chance, die Potenziale der Plattformökonomie auszuschöpfen (Wortmann et al. 2020; Drewel et al. 2019) Wie in Abschn. 2.1 detailliert beschrieben, kann im industriellen Kontext zwischen zwei Plattformtypen unterschieden werden. Zum einen handelt es sich dabei um Intermediärsplattformen, durch die Interaktionen zwischen zwei oder mehr Akteursgruppen realisiert werden. Zum anderen handelt es sich um digitale Plattformen im Sinne technischer Infrastrukturen aus der IT-Perspektive, bei denen u. a. Maschinen und Anlagen an das Internet angebunden werden. Darauf aufbauend werden Daten aggregiert, verknüpft und auf dieser Basis Smart Services angeboten.

Der Betrieb digitaler Plattformen bietet auch Unternehmen aus dem B2B-Bereich die Möglichkeit neue Geschäftschancen zu erschließen. Es profitieren hierbei nicht nur die Betreiber der Plattform, sondern auch dessen Plattformteilnehmer und Partner. Durch ein Angebot von Services oder Dienstleistungen können so den Plattformnutzern Mehrwerte angeboten werden, für die diese zahlen und eine Gegenleistung erhalten. In diesem Kontext legt der jeweilige Plattformbetreiber die geltenden Rahmenbedingungen und Regeln für diese digitale Plattform fest (Wiesche et al. 2018).

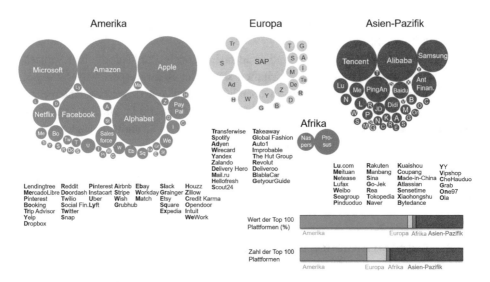

Abb. 4.1 Top 100 Plattformen der Welt 2020 (Plattform-Ökonomie 2021)

Bei Betrachtung der geografischen Verteilung der wertvollsten digitalen Plattformen, wird eine deutliche Konzentration der erfolgreichsten digitalen Plattformen im amerikanischen und asiatischen Raum sichtbar. In diesem ist auch WAGO tätig ist. Diese Plattformen bauen, wie in Abschn. 1.1 beschrieben, ihre Dominanz gegenüber klassischen Geschäftsmodellen immer weiter aus. Besonders der fragmentierte europäische Markt bietet WAGO die Chance, erfolgreiche eigene digitale Plattformen im B2B-Bereich zu etablieren. In der folgenden Abb. 4.1 werden die Top 100 Plattformen nach Börsenwert dargestellt.

Für viele Unternehmen ist der Einstieg in das Plattformgeschäft sehr komplex und mit zahlreichen Fragestellungen verbunden. Vor Beginn des Innovationsprojekts DigiBus gab es für WAGO kein einheitliches Begriffsverständnis digitaler Plattformen und der strategische Einstieg in die Plattformökonomie war von vielen Untersicherheiten gezeichnet:

- Was verstehen wir unter digitalen Plattformen und Plattformökonomie?
- Welche Handlungsoptionen lassen sich für WAGO ableiten?
- Wie kann eine Plattform-Strategie für WAGO aussehen?
- Welchen Einfluss könnten Plattformen auf unser Geschäftsmodell haben?
- Worin unterscheiden sich B2B und B2C Szenarien?
- Ist der Eintritt in die Plattformökonomie sinnvoll?
- Welche Partnerunternehmen sind dazu erforderlich?

Aus diesem Grund hat sich WAGO dazu entschieden dem Projekt DigiBus beizutreten, um den Einstieg in die Plattformökonomie erfolgreich zu gestalten und Wettbewerbsvorteile zu erzielen.

Ziel des Innovationsprojekts war es, eine auf WAGO zugeschnittene Plattform-strategie zu entwickeln, die dem Unternehmen Optionen für einen erfolgreichen Weg in die Plattformökonomie weist. Grundlage hierfür ist eine Orientierung in der Plattform-ökonomie durch die im Projekt erarbeiteten Ergebnisse. Darauf aufbauend wurden konkrete strategische Optionen erarbeitet und operative Werkzeuge für den Aufbau bzw. den Beitritt zu Plattformen und somit dem erfolgreichen Einstieg in die Plattformökonomie geschaffen.

Im Projektverlauf konnte eine WAGO-spezifische Strategie zum Einstieg in die Platt-formökonomie entwickelt werden, die zwischen unterschiedlichen Use Cases differen-ziert und bei WAGO als Guideline für die zukünftige Entwicklung digitaler Plattformen genutzt werden soll. Außerdem wurden von den Forschungspartnern operative Werk-zeuge entwickelt, die es ermöglichen, Geschäftsmodelle in Bezug zu digitalen Platt-formen zu kreieren und deren Wirkmechanismen klar darzustellen. Vor allem die ein-deutige Begriffsdefinition und klare Klassifizierung verschiedener Plattformtypen, die detailliert in Abschn. 2 beschrieben werden, reduzieren die Komplexität des Themas und erleichtern den Einstieg in die Plattformökonomie. In der folgenden Abb. 4.2 werden zur besseren Orientierung die einzelnen Phasen der Strategielandkarte noch einmal, mit den Schwerpunkten WAGOs, dargestellt.

In Anlehnung an die in Abschn. 3.1 vorgestellte Strategielandkarte als Rahmenwerk zur Entwicklung individueller Plattformstrategien, wurde auch das Pilotprojekt WAGO in unterschiedliche Phasen gegliedert. Diese werden im Folgenden kurz erläutert:

Das Ziel der ersten Projektphase war es, ein einheitliches Verständnis für das Thema digitale Plattformen zu schaffen und den Status Quo zum Thema Plattformökonomie bei WAGO zu ermitteln. Dadurch konnte eine erste Orientierung erreicht und Transparenz

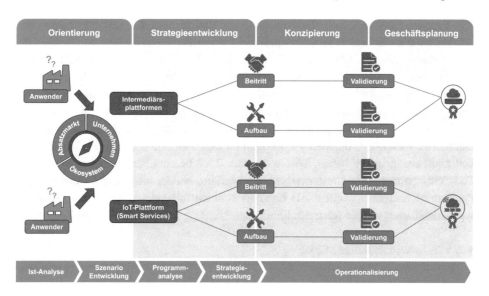

Abb. 4.2 Strategielandkarte und inhaltliche Schwerpunkte Pilotprojekt WAGO

geschaffen werden, um erste Potenziale für den Eintritt in die Plattformökonomie zu identifizieren. Darauf aufbauend wurden mögliche Zukunftsszenarien entwickelt und das heutige Marktleistungsportfolio von WAGO in den Forschungskontext eingeordnet. Die resultierenden Ergebnisse sind in die Phase der Strategieentwicklung eingeflossen. Es wurden konkrete Denkmuster und Handlungsoptionen verdichtet und in die Formulierung einer Plattformstrategie übernommen, die in Zukunft die Grundlage zur Entwicklung digitaler Plattforminitiativen bei WAGO bilden soll. Zu Beginn des Projekts DigiBus wurden bei WAGO eher klassische Herangehensweisen zur Geschäftsmodellentwicklung wie bspw. der Business Model Canvas Ansatz von Osterwalder und Pigneur (2010) genutzt genutzt. Da diese Methoden bei der Entwicklung digitaler Plattformen schnell an ihre Grenzen stoßen, wurde, wie in Abschn. 3 beschrieben, ein operativer Werkzeugkasten mit vielen Methoden entwickelt, mithilfe dessen in Zukunft mit deutlich höherer Geschwindigkeit neue plattformbasierte Geschäftsmodelle aufgebaut und am Markt etabliert werden können. In den folgenden Kapiteln werden die erarbeiteten Ergebnisse aus den einzelnen Phasen des WAGO Pilotprojekts vorgestellt.

4.1.2 Ist-Analyse von WAGO im Kontext der Plattformökonomie (Orientierung)

Aufbauend auf einer grundlegenden Definition digitaler Plattformen konnten erste WAGO-Leistungen mit Berührungspunkten zur Plattformökonomie identifiziert werden, die die Praxisrelevanz des Themas noch einmal verdeutlichen konnten.

Begriffsdefinition

Die Begriffe *Plattform* und *Plattformökonomie* sind je nach Kontext erklärungs- und interpretationsbedürftig. Eine einheitliche Definition der Begriffe war vor Beginn des Forschungsprojekts bei WAGO nicht bekannt. Außerdem sind insbesondere für Industrieunternehmen mit sehr sachwertorientierter Investitionskultur die mit den Begriffen verbundenen Denkmuster und Wirkmechanismen bisher wenig relevant und damit zum Großteil unbekannt. In der Phase *Einführung* wurden aus diesem Grund in Zusammenarbeit mit den Forschungspartnern definitorische Grundlagen erarbeitet, die ein gemeinsames Verständnis digitaler Plattformen ermöglichen und dadurch das Thema deutlich greifbarer gemacht haben. Wie in Abschn. 2.3.2 beschrieben, wurde dazu von den Forschungspartnern eine Clusteranalyse durchgeführt, bei der insgesamt 57 verschiedene Plattformen analysiert wurden. Als Ergebnis konnten folgende differenzierte Plattformtypen identifiziert werden (eine detaillierte Beschreibung findet sich in Kapitel 2.3.3):

- Zwei- bzw. mehrseitige Märkte
- Service Plattformen
- IoT-basierte Intermediäre
- IoT-Plattformen
- Smarte IoT-Plattformen

Nach und im Rahmen dieser ersten Orientierung folgte die Phase der Ist-Analyse. Ziel dieser Phase war es, die interne Einstellung verschiedener Stakeholder in Bezug auf den Einstieg in die Plattformökonomie zu ermitteln und zusätzlich den aktuellen Reifegrad von WAGO im Wettbewerbsumfeld zu eruieren. Dies galt als Grundvoraussetzung dafür, Zukunftspotenziale in der Plattformökonomie zu identifizieren. Zur Identifikation und Charakterisierung der Stakeholder wurde zu Beginn eine Stakeholder-Analyse durchgeführt. Eine Wettbewerbsanalyse schließt die Phase der Ist-Analyse ab.

Stakeholder-Analyse

Basierend auf den erarbeiteten Definitionen zu digitalen Plattformen sowie des erarbeiteten Grundverständnisses beteiligter Rollen, wurde eine Stakeholder-Analyse durchgeführt. Dazu wurden unternehmensinterne Experten in einem Workshop um die Einschätzung hinsichtlich der Einstellung wichtiger Stakeholder zum Eintritt in die Plattformökonomie gebeten. Zunächst wurde davon ausgegangen, dass sich Stakeholder in einem Ziele-Macht-Portfolio einmalig positionieren und sich weitestgehend konstant verhalten. Im Laufe der weiteren Diskussion stellte sich jedoch heraus, dass sich die Stakeholder je nach gewähltem Szenario unterschiedlich oder gar ganz gegensätzlich aufstellen. Daher sind zwei Portfolios erarbeitet worden, die sich in ihren zugrunde liegenden Szenarien grundsätzlich voneinander unterscheiden. Hierbei wurden zwischen den zwei Szenarien Aufbau einer *Plattform* und Beitritt *zu* einer *Plattform* unterschieden. Die anonymisierten Ergebnisse der Stakeholder-Analyse sind in der nachfolgenden Abb. 4.3 dargestellt.

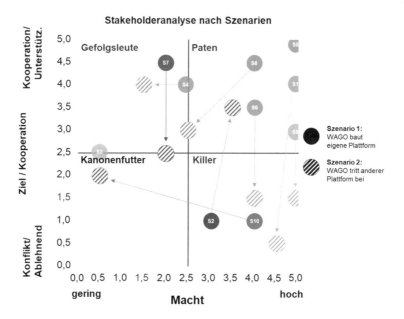

Abb. 4.3 Ergebnisse der Stakeholder-Analyse

In dem Portfolio wurden die identifizierten Stakeholder in einer Matrix mit vier Quadranten positioniert. Zur passenden Einordnung wurde die jeweilige Kooperationsbereitschaft und Macht des Stakeholders bewertet.

Stakeholder mit hoher Macht und Kooperationsbereitschaft wurden als **Paten** eingeordnet. Hier lautet die Handlungsempfehlung eng mit diesen Stakeholder zusammenzuarbeiten, da sie Plattforminitiativen als Promotoren unterstützen.

Killer mit einer hohen Macht und wenig Kooperationsbereitschaft sollten intensiv betreut werden, da diese durch eine große Machtposition den Erfolg von Plattforminitiativen gefährden können.

Gefolgsleute mit wenig Macht aber hoher Kooperationsbereitschaft sollten wiederum regelmäßig über die Fortschritte und Ergebnisse der Plattforminitiative informiert werden.

Stakeholder mit geringer Macht und geringer Kooperationsbereitschaft wurden als **Kanonenfutter** eingeordnet. Diese Stakeholder werden mit möglichst geringem Aufwand beobachtet und bei Änderung der Machtverhältnisse oder der Kooperationsbereitschaft entsprechend reagiert. Neben unternehmensinternen wurden auch externe Stakeholder eingeordnet. Ein gutes Beispiel sind Wettbewerber von WAGO (Punkt S. 2). Diese verändern ihre Kooperations- bzw. Unterstützungsabsicht je nach untersuchtem Szenario deutlich. Im Szenario der Entwicklung einer eigenen digitalen Plattform von WAGO wurden Wettbewerber als *Killer* eingestuft. Das bedeutet, dass diese eher ablehnend gegenüber einer Kooperation reagieren könnten, wenn WAGO durch die Entwicklung einer eigenen digitalen Plattform bspw. auch zum Betreiber dieser wird. In diesem Kontext ist jedoch zu erwähnen, dass die Plattformökonomie die Sicht auf den Wettbewerb signifikant verändert und eher in Richtung Coopetition gedacht wird (Kooperation von Wettbewerbern im Sinn von strategischen Allianzen) (Parker et al. 2017). Im Szenario des Plattformbeitritts von WAGO fällt die Positionierung des Wettbewerbs wieder anders aus Da WAGO hier nicht die Rolle des Betreibers im Sinne des Eigentümers einnimmt, wird die Kooperationsbereitschaft des Wettbewerbs als deutlich höher eingeschätzt und gerät in die Rolle des *Paten*. Ein Grund hierfür ist unter anderem, dass WAGO in diesem Szenario eine weniger steuernde, sondern eher neutrale Rolle als Produzent bzw. Konsument auf der Plattform einnehmen würde.

Das Ergebnis der Stakeholder-Analyse konnte dafür genutzt werden, bestimmte interne und externe Vorgänge oder Entscheidungen im Kontext des Einstiegs in die Plattformökonomie besser nachvollziehen und einordnen zu können. Des Weiteren konnte durch eine gezielte Ansprache verschiedener Stakeholder die Akzeptanz zum Thema erfolgreich erhöht und Stakeholder identifiziert werden, die bei der Ausarbeitung der Plattformstrategie aktiv unterstützen konnten.

Wettbewerbsanalyse

Im Anschluss an die Stakeholder-Analyse wurde eine Wettbewerbsanalyse durchgeführt. Die Ergebnisse der Analyse gaben Aufschluss über die Positionierung von WAGO und seinen aktuellen Marktleistungen in vorher abgegrenzten Märkten. Als Ergänzung zur allgemeinen Einordnung der Marktbegleiter wurden die jeweiligen Aktivitäten im Kontext der Plattformökonomie untersucht. Als Ergebnis wurde deutlich, dass einige Wettbewerber bereits Plattforminitiativen angestoßen haben, die zum Teil schon am Markt etabliert sind. Damit konnte die These aus Kapitel 4.1.1 bestätigt werden, dass der Trend digitaler Plattformen auch für das B2B-Umfeld immer wichtiger wird und auch in eher „traditionell" geprägten Branchen, wie der elektronischer Verbindungs- und Automatisierungstechnik, spürbar ist. Diese Erkenntnis war insbesondere für den WAGO-internen Diskurs über die Bedeutung der Plattformökonomie sehr wertvoll und erhöhte die Aufmerksamkeit für das Thema auf unterschiedlichen Organisationsebenen deutlich. Auf inhaltliche Details wird aufgrund der Vertraulichkeit der Ergebnisse nicht detaillierter eingegangen.

4.1.3   Szenario Entwicklung (Orientierung)

Nach Abschluss der Ist-Analyse sollte eine Vorausschau die zukünftigen Veränderungen im Kontext der Plattformökonomie für WAGO antizipieren. Basierend auf der Methode der Szenariotechnik wurden dafür in dieser Phase fünf Umfeld Szenarien für das Jahr 2030 ermittelt. Diese skizzieren die denkbaren zukünftigen Entwicklungen im Unternehmensumfeld. Darüber hinaus wurden Gestaltungsfeld Szenarien erarbeitet, die beschreiben, welche Positionierung WAGO in Zukunft in der Plattformökonomie einnimmt und beeinflussen kann (Drewel et al. 2019). Die entwickelten Szenarien gaben eine umfassende Orientierung und haben Zukunftspotenziale für WAGO aufgedeckt, die für die anschließende Strategieentwicklung für WAGO genutzt wurden. Im Folgenden werden die fünf identifizierten Umfeld Szenarien und Gestaltungsfeld Szenarien in Anlehnung an Drewel et al. (2019) beschrieben:

Umfeld-Szenarien
- **Nischenphänomen Plattform**
  Digitale Plattformen werden nur in kleinen Nischen relevant, in denen Sie durch ein sehr spezialisiertes Plattformangebot einen hohen Kundennutzen erzielen. Digitale Plattformen gelten nur als temporärer Hype und können sich nicht branchenweit etablieren. Nur wenige Player dominieren die Nischenmärkte und schaffen eine hohe Abhängigkeit zu den jeweiligen Plattformnutzern.
- **Neue Wettbewerber dominieren das Plattformgeschäft**
  Kunden finden standardisierte Leistungen auf leicht zu bedienenden, intuitiven Plattformen neuer Wettbewerber, die in etablierte Branchen eindringen. Etablierte Unternehmen haben zu lange gezögert Investitionen zu tätigen. Neue Wettbewerber erobern Marktanteile und binden Kunden an ihr Plattformangebot.
- **Plattform gut, alles gut**
  Der Industriesektor hat das Potenzial digitaler Plattformen erkannt und Unternehmen investieren erfolgreich in Plattforminitiativen. Diese schaffen neue Kundenerlebnisse, die zu einer sehr hohen Kundenzufriedenheit und -bindung führen.
- **Plattformen überfordern Unternehmen**

Plattformen sind kompliziert und nicht sehr intuitiv in ihrer Nutzung. Aus diesem Grund kommt es zu keiner größeren Skalierung und viele Plattforminitiativen scheitern. Plattformen werden fast nur von branchenfremden Akteuren entwickelt, die sich lediglich auf das Thema Datenspeicherung fokussieren.

- **Warten auf den Durchbruch**
  Kunden wünschen sich Individualleistungen und setzen dabei auf Nischenplattformen. Der breite Durchbruch digitaler Plattformen bleibt aus, da viele Unternehmen mit Investitionen in die Plattformökonomie zögern. Viele setzen auf die Strategie des späten Folgers und beobachten die Marktentwicklung sorgfältig. Es entwickeln sich viele kleine und spezialisierte Nischenplattformen.

Die erarbeiteten Umfeld-Szenarien wurden anhand der jeweiligen Eintrittswahrscheinlichkeit und Auswirkungsstärke eingeordnet. Als Ergebnis wurden die Szenarien *Plattform gut, alles gut* und *Neue Wettbewerber dominieren das Plattformgeschäft* als relevante Referenzszenarien für die weitere Ausarbeitung ausgewählt (Drewel et al. 2019). Während des Projekts ist ein Schaubild zu dem Szenario *Plattform gut, alles gut* entwickelt worden, dass zur besseren Veranschaulichung in Abb. 4.4 dargestellt wird.

Im Folgenden werden die erarbeiteten Gestaltungsfeld-Szenarien vorgestellt.

Gestaltungsfeld-Szenarien

- **Der Wille war da**
  Das Unternehmen trifft wenig weitsichtige Entscheidungen, da zukünftige Entwicklungen falsch antizipiert wurden. Plattforminitiativen werden nach dem „Gießkannenprinzip" finanziert und es fehlt ein klarer, strategischer Fokus. Es gibt keine

Abb. 4.4 Szenario: *Plattform gut, alles gut*

ausgeprägte Fehlerkultur. Unternehmen scheitern daher an der Umsetzung innovativer Plattformaktivitäten. Der direkte Kundenkontakt geht verloren.

- **Digitaler Volltreffer**
  Das Unternehmen hat den Trend digitaler Plattformen erkannt und in der Digitalisierungsstrategie verankert. Es werden viele Plattforminitiativen gestartet und der Digitalisierungsgrad des Unternehmens wächst rasant. Es werden neue digitale Marktleistungen entwickelt, die zu einer sehr hohen Kundenfokussierung und -bindung führen.

- **Digitalisierungsbremse**
  Aufgrund falscher Entscheidungen und unternehmensinterner Blockaden werden Plattforminitiativen ausgebremst. Da nicht immer überzeugende Business Cases entwickelt werden können, werden Investitionen gestoppt. Das Unternehmen konzentriert sich weiterhin auf standardisierte Marktleistungen und der direkte Kundenkontakt geht verloren, da diese zu anderen Anbietern wechseln.

WAGO strebt das beschriebene Gestaltungsfeld-Szenario *Digitaler Volltreffer* an, da der Trend digitaler Plattformen als sehr relevant identifiziert wurde und das einhergehende Potenzial voll ausgeschöpft werden soll. Dafür sollen diverse Plattforminitiativen gestartet werden, um durch neue digitale Leistungen die Kundenfokussierung zu erhöhen.

4.1.4 Programmanalyse (Orientierung und Strategieentwicklung)

Nach der Szenario Entwicklung wurde eine Programmanalyse des WAGO Produktportfolios durchgeführt. Hierdurch konnte beantwortet werden, ob sich das heutige Produktportfolio für den Einstieg in die Plattformökonomie eignet. Es wurde somit der Übergang von der Orientierungs- zur Strategieentwicklung-Phase angestoßen, die das Ziel verfolgt konkrete strategische Optionen für den erfolgreichen Einstieg in die Plattformökonomie zu entwickeln.

Einordnung Marktleistungen

Zu Beginn der Programmanalyse sollte für WAGO die Frage beantwortet werden, welche Produkte und Services sich für digitale Plattformen eignen. Dafür wurde jeweils mittels Experteninterviews pro Produkt- und Servicegruppe eine Plattformisierungstendenz und -eignung ermittelt und in einem Portfolio abgetragen. Produkte und Services, die eine hohe Plattformisierungstendenz aufweisen, sind besonders attraktiv für Plattform-Geschäftsmodelle. Hier lautet die Handlungsmaxime *Angreifen* und *Beitreten*, sodass mögliche Plattform-Geschäftsmodelle für diese Produkte und Services erarbeitet werden (Drewel et al. 2019). Beide Alternativen werden im Folgenden noch einmal exemplarisch in Anlehnung an Drewel et. al. (2019) beschrieben:

- **Angreifen:** Marktleistungen aus diesem Segment eignen sich sehr gut für eine Interaktion auf digitalen Plattformen. Der Aufbau von Plattform-Geschäftsmodellen sollte vorangetrieben werden.
- **Beitreten:** Marktleistungen aus diesem Segment eignen sich gut für die Interaktion auf digitalen Plattformen. Jedoch eignen diese sich nicht für den Aufbau eigener Plattformen. Es sollte geprüft werden, ob ein Beitritt zu einer bestehenden Plattform sinnvoll ist.

Das Ergebnis der Analyse wird in Abb. 4.5 dargestellt und konnte für den weiteren Verlauf des DigiBus-Projekts genutzt werden, um Ideen für mögliche Plattforminitiativen und -projekte zu entwickeln.

4.1.5 Strategieentwicklung

Durch den Abschluss der Ist-Analyse und der darauf aufbauenden Szenario Entwicklung wurden die notwendigen Voraussetzungen geschaffen, um eine Strategie für den erfolgreichen Einstieg in die Plattformökonomie für WAGO zu entwickeln. Zu Beginn wurden dafür unterschiedliche Use Cases identifiziert, die im Folgenden vorgestellt werden. Diese bildeten den Rahmen für die Strategieentwicklung.

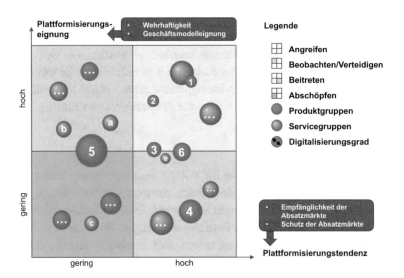

Abb. 4.5 Eignung des Produktportfolios für die Plattformökonomie (Drewel et al. 2019)

Use Case Entwicklung

Um einen für WAGO greifbaren Handlungsrahmen für die Strategieentwicklung zu schaffen, wurden die drei spezifischen Use Cases *E-Commerce*, *Digitale Services* und *IoT-Plattformen* identifiziert. Durch diese können alle identifizierten Plattformtypen abgedeckt werden. Die Use Cases werden im Folgenden kurz und knapp inhaltlich beschrieben:

- **Commerce:**
  Strategische Positionierung in Bezug zu digitalen Vertriebsplattformen, die den zwei- bzw. mehrseitigen Märkten zugeordnet werden können. Hierbei handelt es sich um Vertriebskanäle für Hardware- und Softwareprodukte sowie Vermittlerdienste. Beispiele können unter anderem Produkt- oder Dienstleistungsmarktplätze sein.
- **Digitale Services:**
  Strategische Positionierung in Bezug zu digitalen Service Plattformen. Digitale Services umfassen Mehrwertdienste, die kostenfrei oder kostenpflichtig angeboten werden können. Diese können, müssen jedoch nicht, unabhängig von Produkten genutzt werden. Der Betreiber kann Intermediär oder alleiniger Anbieter sein. Beispiele können unter anderem Zahlungsplattformen oder Konfiguratoren sein.
- **IoT-Plattformen und Smart Services:**
  Strategische Positionierung in Bezug zu IoT-Plattformen und Smart Services. Technische IoT-Plattformen nutzen Hard- und Software, um IoT-Basisdienste bereitzustellen. Darauf aufbauend können intelligente Dienste oder Produkte angeboten werden (sog. Smarte IoT-Plattformen). Eine Weiterentwicklung sind IoT-basierte Intermediäre, die für Drittanbieter geöffnete Plattformen betreiben. Beispiele können u. a. Fertigungsnetzwerke oder Smart Service Marktplätze sein.

Erarbeitung der Plattformstrategie

Auf Basis der identifizierten Use Cases und priorisierten Umfeld-Szenarien konnten für WAGO strategische Handlungsempfehlungen abgeleitet werden, die in Abb. 4.6 abgebildet werden. Diese bilden in Zukunft den Rahmen für die Umsetzung operativer Projekte rund um den Einstieg in die Plattformökonomie. Eine Dimension bilden die bereits vorgestellten und priorisierten Umfeld-Szenarien aus Kapitel 4.1.3, die denkbare zukünftige Entwicklungen im Unternehmensumfeld skizzieren. Diese werden in Bezug zu den in diesem Kapitel definierten Use Cases gesetzt, um aus dieser Kombination strategische Handlungsempfehlungen ableiten zu können.

Die drei erarbeiteten Plattformstrategien werden im Folgenden inhaltlich vorgestellt, wobei aufgrund der Vertraulichkeit der Ergebnisse nicht weiter auf inhaltlichen Details eingegangen wird.

Strategie 1 – Einstiegsebene Teilnehmer Für das Unternehmen werden relevante digitale Plattformen im E-Commerce Umfeld identifiziert und priorisiert. Aufbauend darauf

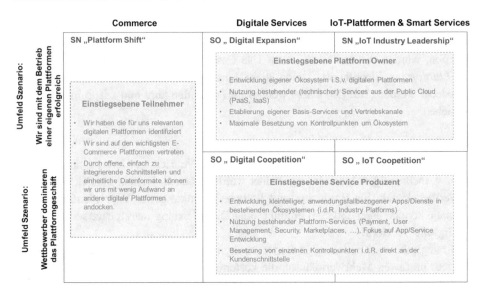

Abb. 4.6 Erarbeitete Plattformstrategien

werden die relevanten E-Commerce Plattformen sukzessiv folgend der Priorisierung mit den erforderlichen Produktinformationen bespielt und die werblichen Möglichkeiten der jeweiligen Plattformen genutzt, um das Umsatzpotenzial voll auszuschöpfen. In diesem Zusammenhang müssen insbesondere die oft sehr proprietären Schnittstellen und Formate der verschiedenen Plattformen analysiert werden, um Effizienzen zu heben. Die organisatorischen Rahmenbedingungen für ein erfolgreiches Plattform Management müssen geschaffen werden. Dazu soll das im weiteren Verlauf vorgestellte, eigens entwickelte Rollenmodell (siehe Abb. 4.7) genutzt werden.

Strategie 2 – Einstiegsebene Plattform Owner (Plattformbetreiber) Es soll verstärkt mit eigenen Plattforminitiativen experimentiert und gelernt werden. Dabei werden eigene Ökosysteme und Communities durch den Aufbau einer digitalen Plattform geschaffen, um die Potenziale der Plattformökonomie für WAGO bestmöglich zu nutzen. Zur technischen Realisierung sollten bestehende (technische) Services aus der Public Cloud (PaaS, IaaS) genutzt werden, um eine schnelle und unkomplizierte Skalierung der Plattforminitiativen zu ermöglichen. Auf der Plattform sollen eigene Services und Vertriebskanäle etabliert werden, die neue Kundeninteraktionen ermöglichen. Außerdem soll der Fokus darauf gelegt werden, eine maximale Besetzung von Kontrollpunkten im selbst entwickelten Ökosystem zu erreichen.

Strategie 3 – Einstiegsebene Service Produzent Hier liegt der Fokus nicht auf der Eigenentwicklung einer digitalen Plattform, sondern auf dem Fokus der Entwicklung

Rolle	Beschreibung	Ideation	Starting Up	Growth
Sponsor	Der *Sponsor* ist Geldgeber, Schirmherr und Interessensvertreter der Plattforminiative. Sponsoren sind üblicherweise dem C-Level zuzuordnen.	+++	++	+
Project Manager	Der *Project Manager* treibt die Initiative von Beginn an und steuert diese in der Ideation Phase als Projekt. Im weiteren Lebenszyklus übergibt der Project Manager die Verantwortung an den *Platform Owner*.	+++	++	o
Platform Owner/ Platform Manager	Der *Platform Owner/Manager* ist für den geschäftlichen Erfolg der Plattform verantwortlich. Er ist Umsetzungsreiber, richtet die Plattform strategisch aus und hält alle Fäden in der Hand (Business Development, Roadmap).	+	++	+++
Sparringspartner Kernorganisation	Der *Sparringspartner Kernorganisation* ist der Counterpart des *Platform Owners* und ist verantwortlich für die Einbettung der Plattforminiative in die Kernorganisation sowie für die Ausrichtung am klassischen Produkt-/Service-Portfolio.	++	++	+ / +++
Tech/Dev Team	Das *Tech/Dev Team* ist verantwortlich für die technische Umsetzung und den technischen Betrieb der Plattform im Hinblick auf Technologieauswahl, Architektur, Sicherheit, etc.	+	++	+++
Service Team	Das *Service Team* ist verantwortlich für die Betreuung von Endanwendern und Kunden. Es erfasst Bugs, funktionale Lücken/Anforderungen und nimmt damit Einfluss auf die Weiterentwicklung der Plattform.	o	+	+++
Marketing Team	Das *Marketing Team* übernimmt die Konzeption und Ausführung von Marketing Kampagnen, insbesondere im Umfeld von Online/Social Media.	o	++	++
Data Scientist/AI Engineer	Der *Data Scientist/AI Engineer* nimmt Einfluss auf die Art und Weise der Datengewinnung (Designphase) und ist für die Analyse/Nutzung der plattformseitig generierten Daten verantwortlich.	+	++	+++
Partner Manager	Der *Partner Manager* bahnt neue Partnerschaften an (Sourcing, Sales, Geschäftsmodellerweiterung) und steuert das Partnernetzwerk über alle Phasen des Lebenszyklus.	+	++	+++
Legal/Tax Advisor	Der *Legal/Tax Advisor* übernimmt die rechtliche und fiskalische Prüfung relevanter Fragestellungen in Plattforminiativen (z.B. AGB, Datenschutz, …).	+++	+++	++

Abb. 4.7 Rollenmodell für den Betrieb digitaler Plattformen

kleinteiliger und anwendungsfallbezogener Apps und Services, die auf bereits bestehenden Plattform-Ökosysteme angeboten werden. Hierbei können bereits bestehende Plattform-Services genutzt und müssen nicht selbst aufgebaut werden (Payment, User Management, Security, Marketplaces, …). In diesem Fall können nur einzelne Kontrollpunkte in der Regel direkt an der Kundenschnittstelle besetzt werden.

Operativer Betrieb und Rahmenbedingungen

Nach der allgemeinem Strategiedefinition wurden die operativen Rahmenbedingungen für den Betrieb digitaler Plattformen erarbeitet. Auf Basis der Ergebnisse einer Expertenbefragung der Forschungspartner, die in Abschn. 2.5.5 beschrieben wird, konnte ein einheitliches Rollenmodell für den Betrieb digitaler Plattformen entwickelt werden. Dieses beschreibt welche personellen Ressourcen benötigt werden, um digitale Plattformen erfolgreich zu betreiben. Zusätzlich wurde unterschieden, in welcher Projektphase welche Rolle die größte Relevanz besitzt. Die Phasen wurden in *Ideation*, *Starting Up* und *Growth* unterteilt. *Ideation* kennzeichnet die Findungsphase einer Plattformidee. Als *Starting Up* wird die Phase gekennzeichnet, in der diese Plattformidee zur Marktreife

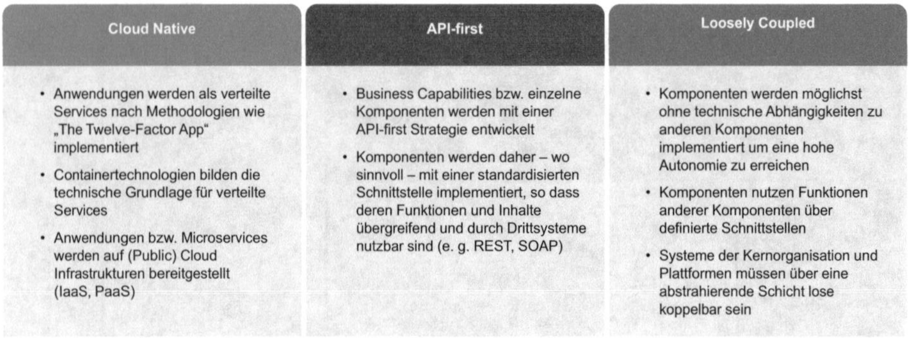

Cloud Native	API-first	Loosely Coupled
• Anwendungen werden als verteilte Services nach Methodologien wie „The Twelve-Factor App" implementiert • Containertechnologien bilden die technische Grundlage für verteilte Services • Anwendungen bzw. Microservices werden auf (Public) Cloud Infrastrukturen bereitgestellt (IaaS, PaaS)	• Business Capabilities bzw. einzelne Komponenten werden mit einer API-first Strategie entwickelt • Komponenten werden daher – wo sinnvoll – mit einer standardisierten Schnittstelle implementiert, so dass deren Funktionen und Inhalte übergreifend und durch Drittsysteme nutzbar sind (e. g. REST, SOAP)	• Komponenten werden möglichst ohne technische Abhängigkeiten zu anderen Komponenten implementiert um eine hohe Autonomie zu erreichen • Komponenten nutzen Funktionen anderer Komponenten über definierte Schnittstellen • Systeme der Kernorganisation und Plattformen müssen über eine abstrahierende Schicht lose koppelbar sein

Abb. 4.8 Technische Design Prinzipien

gebracht wird. Hier ist der Fokus die Entwicklung eines Minimum Viable Product. In der *Growth* Phase wird die Plattformidee in die organisatorischen Strukturen der WAGO Organisation eingebettet bzw. benötigte Strukturen neu geschaffen. Hier wird die digitale Plattform betrieben, weiterentwickelt und der Markterfolg verantwortet. Das Rollenmodell wird in folgender Abb. 4.7 dargestellt.

Zusätzlich zur Rollendefinition wurden für den erfolgreichen Aufbau und Betrieb einer digitalen Plattform notwendige technologische Rahmenbedingungen geschaffen, die in Zukunft als Guideline für die Entwicklung weiterer Plattformen dienen sollen. Digitale Plattformen können mittels verschiedenster Technologien realisiert werden, die individuell nach Plattformtyp und Szenario ausgewählt werden. Entscheidend ist in diesem Kontext jedoch weniger, welche konkreten Technologien für eine Implementierung genutzt werden. Umso mehr kommt es darauf an, dass beim Aufbau digitaler Plattformen gemeinsame Design Prinzipien beachtet werden. Die drei im Projektverlauf erarbeiteten Prinzipien werden in dem folgenden Abb. 4.8 dargestellt.

Für digitale Plattformen, die nah am bestehenden Geschäftsmodell der Kernorganisation angesiedelt sind, ist darüber hinaus der ganzheitliche Blick auf die IT-Gesamtarchitektur des Unternehmens essenziell. Digitale Plattformen nutzen in derartigen Szenarien in der Regel Stamm- und Transaktionsdaten der Kernorganisation, die wiederum häufig auf gewachsenen IT-Landschaften basieren. Diese folgen bspw. nicht dem *API-first-Ansatz*. Um den Datenfluss und ggf. die Prozessintegration zwischen neuen und bestehenden IT-Systemlandschaften zu gewährleisten, ist ein ganzheitlicher Blick auf die IT-Architektur zwingend erforderlich.

4.1.6 Operationalisierung der Strategie (Konzipierung und Geschäftsplanung)

Aufbauend auf den Ergebnissen des Forschungsprojekts hat WAGO die vorgestellte *Strategie 2 – Einstiegsebene Plattform Owner* in Form der Entwicklung einer eigenen digitalen Plattform mit dem Namen *WAGO Creators* operationalisiert. Hierbei wurden die Phasen Konzipierung und Geschäftsplanung der Strategielandkarte durchlaufen.

Bei der entwickelten digitalen Plattform handelt es sich um eine Open Innovation Plattform. Diese verfolgt das Ziel, aktiv Kunden in die Ideenfindung von WAGO Zubehörlösungen mit einzubeziehen. Hierdurch wird das Innovationspotenzial des Unternehmens vergrößert. *WAGO Creators* ist eine Community, die eine Mischung aus Inspirationsquelle, Ideenschmiede und -realisierung bietet. So werden Tüftler, Profientwickler und WAGO Fans angesprochen. Hier können Nutzer unterschiedlicher Zielgruppen ihre Ideen für individuelle Zubehörlösungen für WAGO Produkte mit einer Community teilen. Auf der Plattform sind Community Features wie z. B. Kommentaroder Like-Funktionen integriert. Im Kommentarbereich können von der Community Verbesserungsvorschläge zum Design geäußert werden, um dieses weiter zu optimieren. Durch die Plattform und deren Funktionalitäten soll der aktive Austausch in der Community gefördert werden (WAGO Creators 2021; Wirth et al. 2021). Für ein besseres Verständnis wird ein Ausschnitt der Plattform in Abb. 4.9 dargestellt.

Die Produktideen können nach der Registrierung der Nutzer in einem gängigen CAD Format auf die Plattform hochgeladen werden. Die Designs stehen dann den anderen Nutzern der Plattform zur Verfügung und können dort als registrierter Nutzer kostenfrei heruntergeladen werden. Die Nutzer sind so in der Lage mit einem eigenen 3D Drucker die Designs auszudrucken oder den integrierten Bestellservice von *WAGO Creators* zu nutzen. Die Rechte an den Designs verbleiben bei dem jeweiligen Designer.

WAGO agiert in diesem Geschäftsmodell als Intermediär zwischen Designer (Produzenten), Nutzer (Kosumenten) und im Geschäftsmodell involviertem 3D Druck Dienstleister. Als Plattformbetreiber werden Bestellungen, die über die Plattform eingehen, an den 3D Druck Partner weitergeleitet. Dieser übernimmt den anschließenden Druck der Designs. Zur Einordnung in den Forschungskontext, handelt es sich bei der *WAGO Creators* Plattform allgemein, wie in Abschn. 2.1 beschrieben, um eine Intermediärsplattform. Ferner kann die Plattform (wie in Abschn. 2.3.3 beschrieben) als zwei- bzw. mehrseitiger Markt eingeordnet werden, da WAGO als Plattformbetreiber die Rolle des Vermittlers einnimmt und die Kollaboration vor Nutzung der Plattform unbestimmt ist. Die Plattform ermöglicht ein Matching zwischen Designern und Nutzern der Plattform. In Abb. 4.10 wird der beschriebene Zusammenhang in Form des Wertschöpfungsnetzwerks von *WAGO Creators* noch einmal verdeutlicht. Die Darstellung ist an die Methode zur Erstellung von Wertschöpfungsnetzwerken aus Abschn. 3.3.1 angelehnt (Wirth et al. 2021).

Zur Operationalisierung der Plattformstrategie wurde die Entscheidung getroffen, eine eigene digitale Plattform zu entwickeln. Dadurch konnte, wie in der Strategieentwicklung beschrieben, eine maximale Besetzung der Kontrollpunkte in einem selbst entwickelten Ökosystem erreicht werden. Außerdem wurde den in der Strategie definierten technischen Design Prinzipien gefolgt, da zur technischen Umsetzung Services eines großen Public Cloud Providers gzum Einsatz kamen. Hierdurch wird eine situative Skalierung ermöglicht und eine stabile Performance der Plattform gewährleistet.

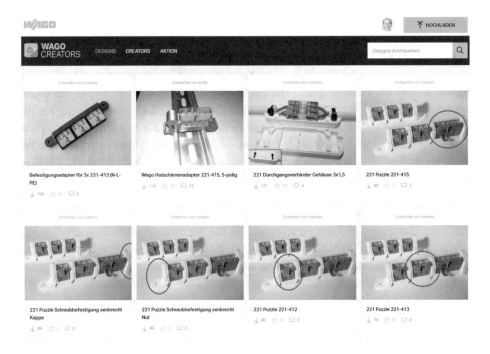

Abb. 4.9 WAGO Creators Website

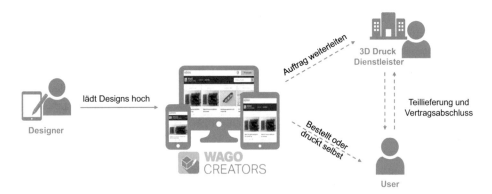

Abb. 4.10 WAGO Creators Geschäftsmodell

Darüber hinaus konnte das in Kapitel 4.1.5 beschriebene Rollenmodell genutzt werden, um die organisatorischen Rahmenbedingungen für die Entwicklung und den anschließenden Betrieb der Plattform zu schaffen.

4.1.7   Erfahrungen und Ausblick

Zusammenfassend werden in diesem Kapitel die Kernergebnisse WAGOs im Digi-Bus-Projekt konstatiert. Darüber hinaus werden die im Projektverlauf gesammelten Erfahrungen kurz aufgegriffen und der Nutzen für WAGO als Teilnehmer des Innovationsprojekts herausgestellt.

- **Schaffung einer Rahmenstrategie für den Einstieg in die Plattformökonomie.**
  Diese bietet WAGO Orientierung und legt eine Stoßrichtung fest. Somit können in Zukunft Anfragen und Initiativen rund um das Thema des Aufbaus oder Beitritts digitaler Plattformen strategisch besser eingeordnet und bewertet werden.
- **Entwicklung einer Klassifizierungsbasis für digitale Plattformen.**
  Das Ergebnis ermöglicht eine bessere Sensibilisierung für das Thema digitale Plattformen im Unternehmen. Durch die eindeutige Klassifizierung wird das Thema für die Mitarbeiter besser greifbar und die Komplexität deutlich reduziert, was insgesamt zu einer besseren Akzeptanz des Themas führt.
- **Schaffung interner Voraussetzungen für den Aufbau eigener Plattform-initiativen bei WAGO.**
  In diesem Zusammenhang wurde unter anderem eine neue Abteilung für den Aufbau digitaler Plattformen gegründet. Hier wird der Fokus vor allem auf dem strategischen Aufbau einer adäquaten IT-Systemlandschaft gelegt, um darauf aufbauend weitere Plattforminitiativen zu unterstützen.
- **Definition von Rollen für den Plattformbetrieb.**
  Diese gibt dem Unternehmen eine Orientierung, welche Ressourcen für den Betrieb digitaler Plattformen benötigt werden. Somit können in Zukunft organisatorische Rahmenbedingungen geschaffen werden, die den Aufbau und Betrieb digitaler Plattformen ermöglichen.
- **Erste Plattforminitiativen.**
  Durch erste Plattforminitiativen wie *WAGO Creators* wurden die erarbeitetn Projektergebnisse bereits in der Unternehmenspraxis validiert.

Die Erfahrung von WAGO im DigiBus-Projekt hat gezeigt, dass die erarbeiteten Methoden und Ergebnisse eine sehr hohe Praxisrelevanz aufweisen und einen großen Mehrwert bezüglich des strategischen Einstiegs in die Plattformökonomie eines industriellen Mittelständlers wie WAGO schaffen. Auf der Basis der Erarbeitungen und Validierungen konnten bereits weitere Plattforminitiativen geplant und initiiert werden, die sich wiederum an der erarbeiteten Plattformstrategie orientieren und neue Geschäftschancen für WAGO erschließen sollen.

4.2 Pilotprojekt in der Gefahrstoff-Lagerung: Vom intelligenten Gefahrstofflager zum Gefahrstoffmanagement 4.0

In diesem Abschnitt wird beschrieben, wie DENIOS auf Basis der in Abschn. 2 und 3 erarbeiteten Grundlagen und Methoden zum Thema digitale Plattformen erfolgreich eine Strategie zum Einstieg in die Plattformökonomie entwickelt und in ersten prototypischen Implementierungen umgesetzt hat. Bei der Entwicklung der Strategie wurde die Strategielandkarte aus Abschn. 3.1 als Rahmenwerk genutzt, und zur *Orientierung* an die unternehmensübergreifende DENIOS Digital-Strategie angelehnt. Die *Konzipierung* und prototypische Implementierung bezieht sich dann auf die abgeleitete smarte IoT-Plattform DENIOS', die die Bereitstellung von datenbasierten und Smart Services an die DENIOS Kunden ermöglichen soll. Für dieses Konzept zu den Services und der zugrunde liegenden Plattform erfolgt schließlich eine kurze Erläuterung der *Geschäftsplanung*.

Um einen besseren Überblick über das Unternehmen DENIOS zu erhalten, wird zuerst das Unternehmensprofil vorgestellt:

Die DENIOS AG (DENIOS) ist ein auf die Herstellung und den Vertrieb von Produkten zum betrieblichen Umweltschutz und Sicherheit spezialisiertes Unternehmen, dessen umfassende und qualitativ hochwertige Produktpalette ein breites Nachfragespektrum abdeckt, mit Produkten und Lösungen für Branchen wie Transport und Logistik, Automotive, Maschinenbau, Chemie und Pharma sowie für die Kunststoff- und Metallverarbeitung.

Der Geschäftsbereich *Catalogue Products* umfasst im E-Commerce über 14.000 Standardartikel. Dabei bietet DENIOS als Entwickler und Hersteller das größte Sortiment im Bereich sicherheitsrelevanter Betriebsausstattung und Arbeitssicherheit, das von Auffangwannen, über Transport- und Reinigungsbehälter bis hin zu Bindevliesen für das Bereinigen und Eindämmen von Leckagen reicht. *Engineered Solutions* ist der Bereich, in dem Raumsysteme für die Gefahrstofflagerung, Thermotechnik sowie Anlagen der Luft- und Reinigungstechnik entwickelt werden (www.denios.de). Einzigartig ist dabei die Vielfalt der Lösungen und deren Ausstattungen. Mit dem Expertenwissen hinsichtlich Konstruktion und Zulassungen sowie der einschlägigen Rechtslage werden Kunden von der Planung und Konzipierung über die Umsetzung bis hin zur Wartung der Produkte beraten.

An 6 Produktionsstandorten und 26 Niederlassungen in Europa, Amerika und Asien unterstützen mehr als 900 Mitarbeiter die Kunden bei der gesetzeskonformen Handhabung und Lagerung von Gefahrstoffen. Gegründet 1986 ist DENIOS ein familiengeführtes Unternehmen mit Stammsitz in Bad Oeynhausen (Nachhaltigkeitsbericht 2018).

Als Innovations- und Marktführer strebt DENIOS in einer zunehmend digitalisierten Wirtschaft an, sich weiter zu behaupten und die Position zu stärken, indem auch die Potenziale der Digitalisierung für das Gefahrstoffmanagement erschlossen werden (Dannehl 2021).

4.2.1   Ausgangssituation und Zielsetzung

DENIOS konstruiert, entwickelt und vertreibt weltweit Raumsysteme für die gesetzes-konforme und sichere Lagerung von Gefahrstoffen. In Zukunft sollen zusätzlich daten-basierte und Smart Services entlang des gesamten Lebensweges der Raumsysteme an-geboten werden. Ausgehend von den Kundenbedarfen, heutigen Kundenprozessen oder Optimierungspotenzialen im Umgang mit Gefahrstoffen sollen diese Services funk-tional und technisch konzipiert werden. Betriebsdaten, Nutzungsdaten und vorhandene Produktdaten sollen dabei so erfasst, zusammengeführt, gespeichert und analysiert wer-den, dass die Kunden daraus Nutzen ziehen können. Im Rahmen des DigiBus-Pilotpro-jekts soll es neben der prototypischen Umsetzung auf einer digitalen Plattform auch darum gehen, für die datenbasierten und Smart Services die geeigneten Geschäfts-modelle und Vermarktungsstrategien zu definieren. Schließlich sollen die Services durch prototypische Umsetzung unter realen Anwendungsbedingungen validiert werden. Die übergeordneten Ziele des Pilotprojekts lassen sich deshalb folgendermaßen zusammen-fassen:

- definierte branchenspezifische Kundenbedarfe sowie Problemanalyse bzw. Optimierungspotenziale der Wertschöpfungsketten der Kunden,
- definierte technische Konzepte und Funktionsumfang datenbasierter und Smart Ser-vices,
- definierte Anforderungen an eine digitale Plattform,
- definierte Plattformarchitektur sowie Hard- und Softwaremodule für die Realisierung der Smart Services,
- Markteinführungs- und Vermarktungsstrategie für eine Plattform,
- mögliche Geschäftsmodelle für Plattform-basierte Smart Services als Entscheidungs-grundlage,
- prototypische Plattformlösung mit Basisfunktionen der Smart Services und prakti-scher Feldtest bei potenziellen Kunden.

Das Vorgehen zur Erarbeitung der Projektziele ist, orientiert an der Strategielandkarte des DigiBus-Projekts, das Folgende (Abb. 4.11):

4.2.2   Ausrichtung auf die DENIOS Digital-Strategie (Orientierung)

Im Jahr 2017 wurde erstmals eine Digital-Strategie bezüglich der Raumsysteme zur La-gerung von Gefahrstoffen skizziert, die die Entwicklung vom Produkt-Lieferanten zum Produkt-Service-Anbieter beschreibt und vordefiniert. Voraussetzung sind smarte Raum-systeme, die Sensor- und Betriebsdaten zur Verfügung stellen, durch die die Kunden einen Zusatznutzen oder Mehrwert im Vergleich zum früheren Status erfahren. Die da-malige Digital-Strategie beschrieb auch die mögliche Weiterentwicklung neuer daten-

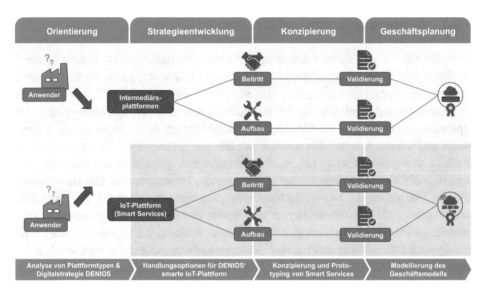

Abb. 4.11 Projektphasen und inhaltliche Schwerpunkte Pilotprojekt DENIOS

basierter Geschäftsmodelle, die viele verschiedene Datenquellen und Methoden integrieren würden.

Die Strategie-Weiterentwicklung war dann mit der Benennung eines Chief Digital Officers Mitte 2019 verknüpft und durch diverse Stakeholder begleitet. Ausgehend von den DENIOS-internen, technologiegetriebenen Ideen aus den Abteilungen *Innovation* und *Engineering*, über den kundenorientierten Bereich *Sales und Services*, die strategisch ausgerichtete Unternehmensführung und auch durch umfangreichen Austausch mit vielen Kunden hat sich die in Abb. 4.12 dargestellte langfristige Transformationsidee vom Produkt-Lieferanten zum Anbieter digitaler Lösungen entwickelt.

Eine fundamentale Prämisse für den Einstieg DENIOS' in die Plattformökonomie war und ist, dass die Kunden dabei unterstützt werden, ihre durch eine Vielzahl von Gesetzen und Normen definierte Betreiberpflichten besser, sicherer und effizienter erfüllen zu können. Dies führt in der Folge zu einem generell sicheren und gesetzeskonformen Betrieb der Gefahrstofflager. Zum jetzigen Zeitpunkt wird nicht angestrebt, selbst zum Betreiber der DENIOS Produkte zu werden und damit die Betreiberpflichten für den Kunden zu übernehmen. Dieses mögliche Geschäftsmodell, auch als *CAPEX-to-OPEX-Geschäftsmodell* bezeichnet, findet daher im DigiBus-Projekt keine Betrachtung.

Denkbar ist eher ein stufenweiser Auf- und Ausbau neuer Geschäftsmodelle nach Abb. 4.13:

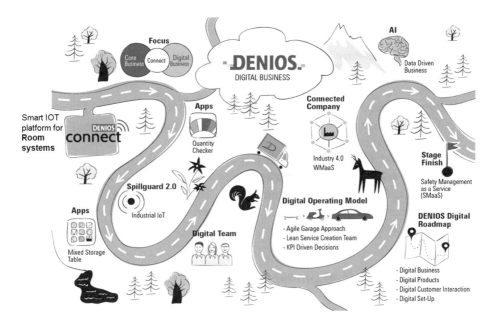

Abb. 4.12   Roadmap zur Umsetzung der DENIOS Digital-Strategie

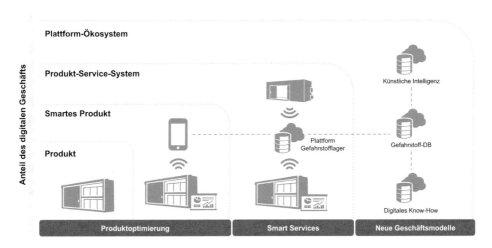

Abb. 4.13   Transformation vom Produkt-Lieferanten zum Lösungsanbieter in einem Plattform-Ökosystem

- Raumsysteme mit geeigneter Sensorik ausstatten, um Gefahren und Ereignisse im Betrieb frühzeitig zu detektieren,
- Vernetzung der Raumsysteme und schließen einer Lücke zwischen cyber-physischen Systemen und Software-Anwendungen als Voraussetzung für datenbasierte und Smart Services,
- Datenbasierte und Smart Services auf der Basis der Auswertung und Interpretation der Daten anbieten, die nutzenstiftende Informationen und Zusatznutzen über eine smarte IoT-Plattform bereitstellen,
- Einbindung des Condition Monitoring in das Gefahrstoffmanagement der Kunden durch Kopplung mit anderen Domänen (Warenwirtschaftssystem, Gefahrstoffkataster, Intralogistik, Rechtskataster, Expertenwissen). Dadurch erfolgt eine stärkere Integration in den Kundenprozess und es werden neue datenbasierte und Plattform-Geschäftsmodelle ermöglicht (Beverungen et al. 2020).

4.2.3 Analyse von Plattformtypen (Orientierung)

Ergänzend zu den DENIOS-internen strategischen Richtlinien wurde auch die von den Forschungspartnern durchgeführte Klassifizierung digitaler Plattformen (siehe Abschn. 2.2.2.2) sowie das sogenannte Plattform-Radar (siehe Abschn. 3.2.2) zur Entscheidung hinzugezogen, welcher Plattformtyp für die DENIOS Smart Services der geeignete sein würde.

In einer umfangreichen Markt- und Internetrecherche wurden für DENIOS relevante Beispiele für die in Abb. 4.14 aufgegriffenen Plattformtypen identifiziert und einer tiefergehenden Analyse unterzogen. Die Plattformen wurden hinsichtlich Konnektivität, Infrastruktur, Komplexität und Freiheitsgrade der Entwicklung, Entwicklungs- und Betriebskosten sowie enthaltener Management-Services (Vertrags- und SIM-Karten-Services) bewertet und verglichen.

Aus dieser Nutzwertanalyse konnte für DENIOS geschlussfolgert werden, dass für die eigenen Produkte und Smart Services sowie zukünftige Geschäftsmodelle der Aufbau einer DENIOS-eigenen smarten IoT-Plattform (später *DENIOS connect*) den richtigen Ansatz als Einstieg in die Plattformökonomie darstellt.

Dieser Pfad lag außerdem durch die Vorarbeiten (Entwicklung des sensorbasierten, intelligenten Gefahrstofflagers und Entwicklung eines Leckage-Sensors für Gefahrstoffe) nahe und entspricht der Digital-Strategie, datenbasierte und Smart Services als Erweiterung der physischen Produkte zu entwickeln, die einen geldwerten Kundennutzen stiften.

4.2.4 Handlungsoptionen für DENIOS' smarte IoT-Plattform (Strategieentwicklung)

Der Aufbau einer smarten IoT-Plattform dient DENIOS' grundsätzlicher Strategie, eine für das DENIOS Sortiment geeignete Verbindung zwischen den physischen, Smart Pro-

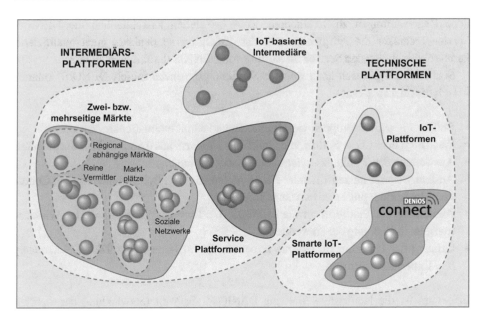

Abb. 4.14 Einordnung DENIOS' smarter IoT Plattform in die Plattformtypen des B2B-Bereichs

ducts und komplementären datenbasierten und Smart Services herzustellen. Auf der Plattform werden den Anwendern Informationen zur Verfügung gestellt, die sie in der „physischen Welt" allein nicht erhielten. Dabei handelt es sich vor allem um solche Informationen und Services, die die Einhaltung der gefahrstoffspezifischen Betriebsparameter erleichtert. Auch weitergehende Betreiberpflichten, denen umfangreiche Regelwerke zugrunde liegen, sollen so schneller und komfortabler durch die DENIOS Kunden angewandt werden können.

Zuerst soll dazu eine Art Condition Monitoring geboten werden. Die über die Plattform vernetzten Raumsysteme können hierbei mittels Sensor- und Betriebsdaten überwacht werden und bei Anomalien Meldungen erzeugen, die an verantwortliche Mitarbeiter weitergeleitet werden. Gleichzeitig sollen auf derselben Plattform Leckage-Sensoren für Gefahrstoffe integriert werden. Diese Leckage-Sensoren sind für die Anwendung in sämtlichen Auffangwannen geeignet und stehen stellvertretend für weitere ähnliche Sensoren von DENIOS oder anderen Lieferanten, die kostengünstig einen bestimmten Parameter überwachen und auswerten.

Später könnte das Condition Monitoring auf andere Raumsysteme von DENIOS, wie Wärmekammern oder Gefahrstoffschränke, ausgeweitet werden. Unter bestimmten technischen Voraussetzungen könnten auch Alt- oder Fremdsysteme mit der Plattform vernetzt und über geeignete Sensorik nachgerüstet werden. Kunden mit Zugang zur Plattform werden in die Lage vernetzt, die gesamte Dokumentation der bei DENIOS beschafften Raumsysteme online einzusehen.

Es ist ebenfalls anvisiert, über die Plattform auf einfache und komfortable Art eine Wartungsanfrage an den DENIOS Service zu richten oder Termine für anstehende jährliche Regelwartungen zu vereinbaren. Zunächst stellen ausschließlich die DENIOS Service-Techniker die Ansprechpartner dar. Zukünftig ist denkbar, auch qualifizierte Partnerunternehmen den Service im Auftrag von DENIOS durchführen zu lassen.

Schließlich ergibt sich noch weiteres Skalierungspotenzial mittels DENOIS' smarter IoT-Plattform, bspw. durch:

- Roll-Out in andere Gruppen-Gesellschaften und damit internationale Märkte,
- Wachstum über Cross-Selling von *Catalogue Products* aus dem DENIOS Sortiment,
- Ausweitung des Wartungsservices und Ersatzteilgeschäfts,
- Ausbau weiterer nutzenstiftender Funktionalitäten für z. B. Wartung, Service, Condition Monitoring, präskriptive Anomaliedetektion,
- Anbindung der Plattform an die *DENIOS Academy* zur Erweiterung des Wissenstransfers in Richtung der Anwender,
- Öffnung der Plattform für externe Experten, die im Rahmen der *DENIOS Academy* ihre Expertise einbringen.

Insgesamt ist die langfristige Strategie DENIOS' zur Weiterentwicklung der smarten IoT-Plattform abhängig von Fragen wie, welche Funktionsmodule von den Kunden zukünftig gefordert und welche weiteren Raumsysteme oder intelligenten Sensoren integriert werden.

Auch ist die Frage richtungsbestimmend, für welche externen Interessensgruppen (bspw. Service-Unternehmen, Produktanbieter, Chemikalien-Datenbanken, Versicherungen oder Behördenvertreter) die Plattform geöffnet werden könnte, um Netzwerkeffekte zu erzielen und die Attraktivität zu steigern.

4.2.5 Konzipierung und Prototyping von Smart Services (Konzipierung)

Die Entwicklung konkreter wertstiftender Smart Services, angeboten auf der definierten smarten IoT-Plattform, erfolgte mit initialer Analyse der DENIOS Kundenstruktur. Anhand firmografischer Kriterien wurde hierbei zunächst die Heterogenität der DENIOS Kunden konstatiert. Diese erklärt sich auch durch die Produkte und Leistungen, die DENIOS anbietet. Da Gefahrstoffe als Betriebsmittel, Rohstoffe, Produkte und Abfälle in vielen Branchen und vielen Einsatzgebieten Anwendung finden, sind viele Unternehmen Kunden von DENIOS, weisen dabei aber ganz unterschiedliche Kundenbedürfnisse und Anforderungen an datenbasierte oder Smart Services auf.

Die wichtige Prämisse für DENIOS im Rahmen des DigiBus-Projekts war der initiale und ständige Bezugspunkt zum Kundenbedarf und Kundennutzen. Die zu konzipierenden Smart Services für die Raumsysteme zur Lagerung von Gefahrstoffen sollten einen deutlichen und messbaren Nutzen beim Kunden stiften. Dadurch wird sichergestellt, dass die Kunden diese Smart Services akzeptieren und je nach Ausbaustufe auch Bereitschaft zeigen für den entstandenen Nutzen zu zahlen.

Die Entwicklung der Services basiert einerseits auf wiederholten gezielten Kundenbefragungen im Rahmen von Messen oder Kundenterminen. Andererseits wurden Interviews mit DENIOS Experten aus den Fachbereichen Innovation, Engineering, Vertrieb, Services und IT Services dazu geführt, wie Kunden besser geholfen und die Kundenbindung erhöht werden kann. Nicht zuletzt basierte die Konzipierung der Smart Services auf einer Workshop-Reihe mit diesen DENIOS Experten, die durch die Forschungspartner des Projekts DigiBus organisiert wurden. In einem iterativen Vorgehen erfolgte eine Annäherung an ein Minimum Viable Product, das auf hohe Akzeptanz beim Kunden stößt und mit begrenzten Ressourcen umsetzbar ist. Dabei wurden Methoden wie die Value Proposition Canvas nach Geum et al. (2016) und Koldewey (2021) sowie die Smart Service Canvas nach Osterwalder et al. (2014) und Koldewey (2021) (siehe Abschn. 3.3.2) herangezogen (Abb. 4.15).

Spezifizierung des Smart Service Portfolios von DENIOS
Durch die beschriebenen Maßnahmen konnten in der ersten Projekthälfte viele Ideen für datenbasierte und Smart Services zu den DENIOS Raumsystemen generiert werden, die sich, wie in Abb. 4.16 dargestellt, in 4 Stoßrichtungen einordnen lassen:

- **Anlagenbezogene Smart Services** sind dadurch gekennzeichnet, dass sie auf Sensor- und Betriebsdaten beruhen, die in den Raumsystemen erfasst und per Mobilfunk regelmäßig an eine cloudbasierte Anwendung übertragen werden. Dort werden sie für den Kunden gespeichert, aufbereitet, analysiert und visualisiert.
- *Smarte Apps* bilden ein gesetzliches oder technisches Regelwerk, das die Betreiber eines Raumsystems beim gesetzeskonformen Betrieb im betrieblichen Alltag unterstützen soll und sind in diesem Fall zunächst unabhängig von Nutzungsdaten.
- **Digitales Know-How** kann als Sammlung und zielgruppen- oder anwendungsspezifische Aufbereitung von gesetzlichen Regelwerken und Best-Practice-Beispielen verstanden werden. Dieser Service ergibt sich aus der von Kunden beschriebenen Herausforderung, dass bestimmte Informationen im konkreten Kontext schnell und übersichtlich verfügbar sein sollen.
- **Komplexe** *Digital Solutions* stellen hinsichtlich Anzahl der beteiligten Parteien sowie der Prozessintegration komplexe Systeme dar.

Im Innovationsprojekt wurden parallel zur Konzipierung mehrere prototypische Anwendungen der beschriebenen Stoßrichtungen realisiert und praktisch erprobt. Abhängig vom Service erfolgte auch die prototypische Umsetzung einer geeigneten Plattform-Architektur der zugrunde liegenden smarten IoT-Plattform, die auf erprobten Infrastruktur-Komponenten von *Microsoft Azure* bzw. *SAP Cloud Foundry* beruhte. Die Erläuterungen zum Prototyping finden sich im Folgenden.

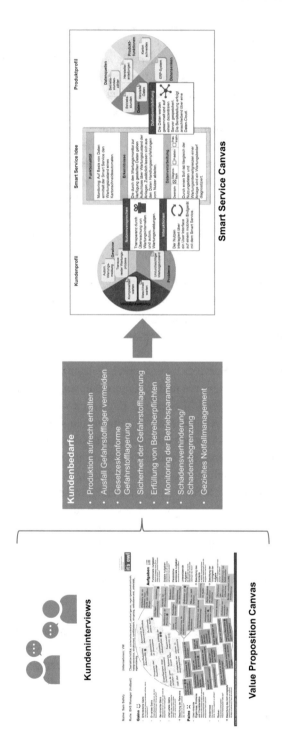

Abb. 4.15 Smart Service Canvas – Konzipierung konkreter datenbasierter Smart Services

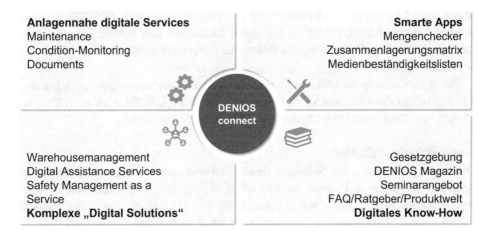

Abb. 4.16 Smart Service Portfolio von DENIOS

Abb. 4.17 Prototyp des analogen und digitalen *DENIOS Mengen-Checker*

Prototyp Smarte App

Als erster Smarter Service (Smarte App) wurde der sogenannte *DENIOS Mengen-Checker* prototypisch als native App realisiert (siehe Abb. 4.17). Mit diesem digitalen Hilfsmittel erhalten die Kunden einen Überblick über die zulässigen Höchstmengen der zu lagernden Stoffe außerhalb von definierten Lagern, in einem Gefahrstoffschrank oder einem speziellen Gefahrstofflager.

Dank der Bewerbung des *DENIOS Mengen-Checkers* u. a. über Social Media wurde dieser schon im Verlauf des DigiBus-Projekts rund 400 Mal installiert und von Kunden positiv bewertet (DENIOS Mengen-Checker App 2021). Die App stellt ein niederschwelliges Angebot für die Anwender dar und trägt dazu bei, dass DENIOS als Smart Service Anbieter Akzeptanz findet. Auf dieser Grundlage sind sowohl weitere *Smarte Apps* geplant als auch eine sinnvolle technische Integration zum Condition Monitoring der Raumsysteme.

Für die Umsetzung der weiteren *Smarten Apps* (z. B. Zusammenlagerungsmatrix nach TRGS 510) ist dann angedacht, diese sowohl über den *Apple Store* als auch über den *Google Play Store* für *iOS* und *Android* Mobiltelefone zu platzieren.

Prototyp Digital Solutions

Diese komplexeren *Digital Solutions* stellen umfassendere Lösungen dar, die für die Kunden den gesamten Prozess der Logistik und Lagerung von Gefahrstoffen unterstützen sollen. Sie sind zum einen technisch komplexe Systeme, die Hardware- und Software-Komponenten integrieren. Auch charakteristisch ist zum anderen, dass für diese *Digital Solutions* eine weitgehende Mitwirkung des Kunden erforderlich ist, wenn dieser maximal vom möglichen Nutzen profitieren soll. Neben den technischen Anforderungen, die Nutzungs- und Gefahrstoffdaten zu integrieren, stellt sich bei diesen Lösungen die Frage nach der Datenhoheit und der Datennutzung, die im Idealfall zwischen DENIOS und den Kunden per Nutzungsvertrag oder in den speziellen Geschäftsbedingungen geregelt wird. Kern dieser Kategorie von Smart Services ist, dass das gehandhabte Gefahrstoffinventar über die Sicherheitsdatenblätter erfasst wird und auch alle internen Bewegungen der Gefahrstoff-Gebinde permanent nachverfolgt werden. Im Hintergrund erfolgen dazu Prüfungen, ob gesetzliche Vorgaben eingehalten werden.

Abb. 4.18 stellt einen idealisierten Ablauf des Beschaffungs- und Logistikprozesses von Gefahrstoffgebinden in einem Industriebetrieb dar und illustriert, wie der Prozess digital unterstützt werden könnte.

Je nach Ausbaustufe und verwendeten Technologien können die *Digital Solutions* immer „smarter" werden und von einem *Chemical Warehouse Managementsystem*, über *digitale Assistenzsysteme* bis hin zu *Safety as a Service* reichen. Hierzu wird notwendig werden, dass DENIOS-übergreifend und auch mit externen Partnern interdisziplinär an den unterschiedlichen Komponenten gearbeitet wird (DENIOS Intelligentes Gefahrstofflager 2020).

So lassen sich dann vielfältige Kundennutzen realisieren, wie:

- Überblick über aktuelle Auslastung der Gefahrstofflager,
- Gesetzeskonforme Gefahrstofflagerung,
- Risikoprävention,
- Optimierung interner Logistikprozesse,
- Tagesaktuelles Gefahrstoffkataster,
- Lagerverwaltungssystem,
- Aufbau einer Gefahrstoff-Datenbank.

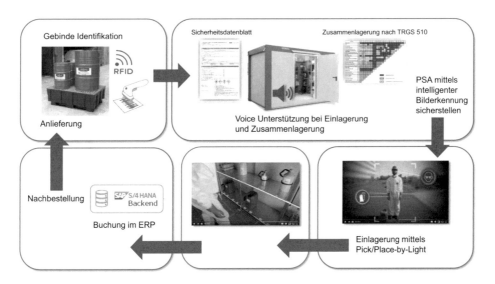

Abb. 4.18 Prototyp einer *Digital Solution* von DENIOS

Prototyp DENIOS connect für Raumsysteme

DENIOS connect bildet die prototypische Umsetzung eines permanenten Condition Monitoring für Raumsysteme und ist „Grundstein" der smarten IoT-Plattform DENIOS' (siehe Abb. 4.19).

Als cloudbasierte Anwendung werden über ein geeignetes Funkmodul und LTE Cat M1-Mobilfunk verschiedene Sensor- und Betriebsparameter an *DENIOS connect* übermittelt, in der das Condition Monitoring als erster datenbasierter Service für den Betreiber des Gefahrstofflagers realisiert wird.

Die Architektur der smarten IoT-Plattform leistet die Verwaltung der registrierten Anlagen, die Verwaltung der Kommunikationskanäle, die Datenspeicherung, Datenanalyse und die Benutzerverwaltung. Auf einer intuitiven Oberfläche können die Kunden flexibel online mit ihrem Smartphone, Tablet oder Desktop-PC auf Daten ihrer vernetzten Geräte zugreifen. In Dashboards, Übersichten, Detailansichten und der Statushistorie kann der Status aller Anlagen jederzeit eingesehen und Alarme kundenspezifisch konfiguriert werden. z. B. werden Temperaturverläufe über einen langen Zeitraum grafisch ausgewertet oder die Status-Historie mit allen im Betrieb entstandenen Ereignissen als PDF-Datei exportierbar gemacht.

Über diese ersten Anwendungen erhalten die Nutzer auch rechtzeitig eine Erinnerung, dass zeitnah eine Wartung anfällt, um einen Termin mit dem DENIOS Service und die Forderung benötigter Ersatzteile zu veranlassen. Nicht zuletzt hat der Anwender Zugriff auf eine komplette Online-Dokumentation seiner Anlage (DENIOS Connect 2021).

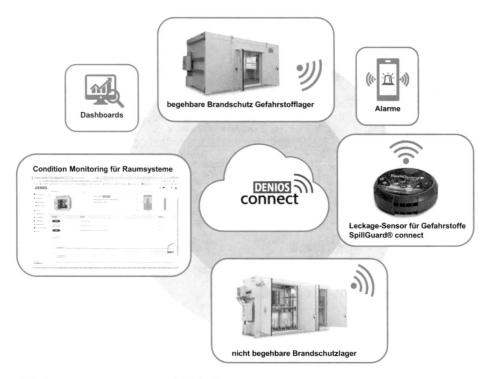

Abb. 4.19 Prototyp der smarten IoT Plattform *DENIOS connect*

DENIOS connect bildet somit neben der technischen Bereitstellung einer cloud-basierten Architektur zum Ausbau und Integration weiterer Services (wie der beschriebenen *Smart Apps* oder *Digital Solutions*) bereits erste unmittelbare Kundennutzen:

- Früherkennung von Prozessrisiken und Alarmierung in Echtzeit,
- Beschleunigung der Wartungs- und Instandsetzungseinsätze,
- Vermeidung und Reduzierung von Stillstands-Zeiten,
- Reduzierter Verwaltungsaufwand,
- Transparente, vollständige und aktuelle Anlagen-Dokumentation,
- Transparentes Ereignislogbuch.

4.2.6 Modellierung des Geschäftsmodells von DENIOS Connect (Geschäftsplanung)

Wie das Geschäftsmodell für die *DENIOS connect* Platform und die integrierten daten-basierten und Smart Services ausgestaltet sein soll, war eine der letzten Fragen im Pilot-projekt von DENIOS.

Hierzu wurde das im Projekt erarbeitete Plattform Business Case Vorgehen herangezogen (siehe Abschn. 3.5.2) und in einem ersten Schritt ein Modell aller Kosten- und Nutzentreiber bei der Entwicklung und dem Betrieb einer zukünftigen smarten IoT-Plattformen durch DENIOS erstellt. Hierdurch war es möglich, die Treiber zu quantifizieren und mittels Business Case zu einer Wirtschaftlichkeitsbewertung des Vorhabens zu verrechnen.

Die Ergebnisse der Berechnung werden für die Kommunikation mit der Geschäftsleitung und dem Vorstand genutzt, um zu verdeutlichen, ob und unter welchen Prämissen die Einführung und der Betrieb einer smarten IoT-Plattform für DENIOS kommerziell erfolgreich sein kann und wie lange der Zeitraum bis zu einem Return on Invest unter Berücksichtigung der getroffenen Annahmen ausfallen könnte.

Zusätzlich wurden Kundeninterviews durchgeführt, in denen die allgemeinen Präferenzen der Kunden für Subskriptions-Geschäftsmodelle sowie Preismodelle konkreter vergleichbarer Smart Services (z. B. Füllstandssensoren, Brandmeldeanlagen, Leckasesensoren) analysiert wurden.

Aus der Kombination beider Schritte konnte schließlich ein Preismodell für die datenbasierten und Smart Services für DENIOS' Raumsysteme entwickelt werden, welches folgende Komponenten umfasst:

- Kopplung des Condition Monitoring für Raumsysteme an den Wartungsvertrag für Raumsysteme,
- Einmaliger Preis für die Hardware zur Vernetzung der Raumsysteme (Schaltschrank und ggf. Sensoren),
- Jährliche Nutzungsgebühr für den Cloudzugang und die Alarmierung.

Durch Realisierung erster Kundenprojekte im Anschluss an das Innovationsprojekt DigiBus soll das Preismodell, vor allem aber die Höhe der einzelnen Preiskomponenten, kritisch geprüft werden. Perspektivisch ist sicherzustellen, dass kalkulierte Preise und Zielpreise übereinstimmen.

4.2.7 Erfahrungen und Ausblick

Zeitgleich mit der Bekanntmachung des Innovationsprojekts DigiBus im Spitzencluster it's OWL entwarf DENIOS eine erste Digital-Strategie, um in einer zunehmend digitalen Wirtschaft die physischen Produkte um neue digitale Nutzenversprechen zu erweitern und im Rahmen neuer Smart Services den Kunden anzubieten. Das zentrale Nutzenversprechen der DENIOS Smart Services sollte dabei sein, dass Kunden ihre Betreiberpflichten hinsichtlich der Gefahrstofflagerung besser und effizienter erfüllen können und durch DENIOS ein sicherer und gesetzeskonformer Betrieb der Gefahrstofflager unterstützt wird.

Die im Pilotprojekt prototypisch entwickelte smarte IoT-Plattform *DENIOS connect* ermöglicht DENIOS den passenden und strategiekonformen Einstieg in die Plattformökonomie. Zum Kern der Innovation eines Produkt-Service-Systems zählen vernetzte, intelligente Raumsysteme, ein neuartiges vernetztes Leckage-Warnsystem (SpillGuard® connect) sowie eine cloudbasierte Web-Applikation zur Bereitstellung der Smart Services. Anwender haben mit *DENIOS connect* die Möglichkeit, ihre Gefahrstoffe rund um die Uhr zu überwachen und Störungen im Gefahrstofflager oder Leckagen in Auffangwannen in Echtzeit zu erkennen und sofort zu reagieren. Ein weiterer Nutzen des DigiBus-Projekts für DENIOS besteht darin, die digitale Infrastruktur für weitere Smart Services und neue Geschäftsmodelle geschaffen zu haben, die die Position des Unternehmens als Innovationsführer langfristig unterstützen und einen Wettbewerbsvorteil schaffen soll.

Im Rahmen des Projekts zeigte sich frühzeitig, dass dieser erste digitale Prototyp *DENIOS connect* durch die Nähe zum Kerngeschäft und als innovative Erweiterung dessen, leicht umsetzbar war. Es konnte die Stärke des DENIOS' Domänenwissens in Bezug auf die Gefahrstofflagerung und das Gefahrstoffmanagement genutzt werden, ohne eine disruptive Veränderung des eigentlichen Geschäftsmodells anzustreben. Dabei stellte sich als Herausforderung das, sich auf die Kundensicht zu fokussieren und nicht von eigens vermuteten Bedarfen auszugehen. Als Hilfe diente die Formulierung der grundlegenden Prämisse, dass nur solche Smart Services entwickelt werden sollten, die beim Kunden auf Akzeptanz stoßen und dessen Herausforderungen adressieren. Außerdem sollten die Smart Services verhältnismäßig schnell bereitgestellt werden, um sofortige Praxiserfahrungen zu sammeln und in die Weiterentwicklung mit einfließen lassen zu können.

Von Projektbeginn an bestand bei DENIOS Klarheit darüber, dass sich die Entwicklung der Smart Services auch auf interne Prozesse (Planung, Entwicklung, Betrieb, Vermarktung von Smart Services) auswirken würde. Auch deswegen wurde im Laufe des Projekts mit der Position eines Chief Digital Officers eine verantwortliche Position hierzu geschaffen. Im Geschäftsbereich *Innovation* arbeiten inzwischen mehrere Entwicklungsingenieure und Projektleiter daran, die neuen Smart Services im Anschluss an das Innovationsprojekt in standardisierte und produktive Versionen zu überführen. Neben dem Bereich *Innovation* sind auch die Bereiche *Sales* und *Marketing* stark eingebunden. Um die Bedarfe zu schärfen, hat der Vertrieb im Laufe des Projekts nicht nur wiederholt Kundeninterviews durchgeführt oder Prototypen demonstriert, sondern bietet die Smart Services mittlerweile auch in konkreten Kundenprojekten an. Die Weiterentwicklung der Smart Services wird sich weiterhin daran ausrichten, welche Funktionen dem Kunden Mehrwert stiften. Gleichzeitig wird jedoch auch daran gearbeitet, die Basis der mit *DENIOS connect* vernetzten Anlagen, Sensoren oder anderen Devices um neue Produktgruppen zu erweitern. So soll die hohe Anfangsinvestition auf ein breiteres Mengengerüst verteilt und die Rentabilität erhöht werden.

Fehlende Kompetenzen in den Innovationsbereichen werden weiterhin, wie auch während des Innovationsprojekts, durch externe Dienstleister kompensiert, da nicht alle Kompetenzen dauerhaft im Unternehmen aufgebaut werden sollen. Mit zukünftig erworbener Praxiserfahrung kann dann leichter entschieden werden, welche Kompetenzen intern aufzubauen sind. Die nächsten Schritte auf dem Weg DENIOS' in eine Plattform-ökonomie sind bereits vordefiniert:

Die Prototypen werden mit Lead-Kunden weiter verprobt und in produktive Versionen überführt. Rückmeldungen werden in ein Entwicklungs-Backlog aufgenommen, priorisiert und weitere Funktionen sukzessive realisiert. Weitere Produkte wie bspw. Gefahrstoffschränke für den Laborbereich oder Wärmekammern sollen in *DENIOS connect* integriert werden. Komplexe Smart Services werden in kleineren Schritten weiterentwickelt, wenn es gelingt, zusammen mit den Lead-Kunden als Entwicklungspartner, konkrete Use Cases zu definieren, die Nutzen stiften.

Größtes Ziel ist allerdings, *DENIOS connect* bei einer möglichst großen Anzahl an Kunden zum Einsatz zu bringen. Aus diesem Grund wurde nach Projektabschluss die konzipierte Marketing-Kampagne mit dem Ziel der Vermarktung gestartet und in Richtung der Kunden über diverse Kanäle kommuniziert.

Literatur

Beverungen, D.; Kundisch, D.; Wünderlich, N. (2020) Transforming into a platform provider: strategic options for industrial smart service providers. Journal of Service Management

Dannehl, S. (2021) Fortschritt nutzen, um Risiken zu reduzieren, https://www.it-zoom.de/it-mittelstand/e/fortschritt-nutzen-um-risiken-zu-reduzieren-28415/. Zugegriffen am 27.04.2022

DENIOS AG (2021) DENIOS Mengen-Checker App, https://www.denios.de/unternehmen/digitale-services/denios-mengen-checker-app. Zugegriffen am 27.04.2022

DENIOS AG (2021) DENIOS connect, Sicher vernetzt mit Condition Monitzoring, https://www.denios.de/lager-und-prozesstechnik/denios-connect/. Zugegriffen am 27.04.2022

DENIOS AG (2020) DENIOS Intelligentes Gefahrstofflager, https://www.youtube.com/watch?v=j3FrrbkVrf8. Zugegriffen am 27.04.2022

Drewel, M.; Gausemeier, J.; Vaßholz, M. Homburg, N. (2019) Einstieg in die Plattformökonomie. 15. Symposium für Vorausschau und Technologieplanung.

DENIOS AG (2018) Nachhaltigkeitsbericht 2018/2019, https://www.denios.de/unternehmen/denios-entdecken/nachhaltigkeit. Zugegriffen am 27.04.2022

Geum, Y.; Jeon, H.; Lee, H. (2016) Developing new smart services using integrated morphological analysis – Integration of the market-pull and technology-push approach. Service Business, (10)3, S. 531–555

Koldewey, C. (2021) Procedure for the Development of Smart Service-Strategies in Manufacturing, Dissertation, Faculty for Engineering, Universität Paderborn, Paderborn

Osterwalder, A.; Pigneur, Y. (2010) Business Model Generation. John Wiley & Sons, Hoboken, New Jersey

Osterwalder, A.; Pigneur, Y.; Bernarda, G.; Smith, A. (2014) Value Proposition Design – How to Create Products and Services Customers Want. John Wiley & Sons, Hoboken, N.J.

Parker, G. G.; Van Alstyne, M. W.; Choudary, S. P. (2017) Die Plattform-Revolution: Von Airbnb, Uber, PayPal und Co. lernen: Wie neue Plattform-Geschäftsmodelle die Wirtschaft verändern. MITP-Verlags GmbH & Co. KG

Plattform-Ökonomie (2021) Unter: https://www.netzoekonom.de/plattform-oekonomie/. Zugegriffen am: 28.04.2022

WAGO Website.: Unternehmensprofil. Unter: https://www.wago.com/ch-de/profil/. Zugegriffen am 27.04.2022

WAGO Creators (2021) – Deine Ideenschmiede. https://wago-creators.com/. Zugegriffen am: 27.04.2022

Wiesche, M.; Sauer, P.; Krimmling, J.; Krcmar, H. (2018) Management digitaler Plattformen. Springer Verlag.

Wirth, R.; Vaßholz, M.; Binner, L. (2021) IHK-Dialog INNOVATIV 2021 - „Auf dem Weg zur Plattformökonomie". GEWIMAR Consulting Group GmbH.

Wortmann, F; Ellermann, K.; Kühn, A.; Dumitrescu, R. (2019) Typisierung und Strukturierung digitaler Plattformen im Kontext Business-to-Business. 15. Symposium für Vorausschau und Technologieplanung.

Resümee und Ausblick

5

Arno Kühn

Wie im Consumer Bereich positionieren sich auch im produzierenden Gewerbe zunehmend digitale Plattformen am Markt. Das Potenzial zur Skalierung des Geschäfts sowie der direkte Zugang zu Kunden und Daten machen Plattform-Geschäftsmodelle besonders attraktiv. Umso mehr sind Unternehmen gefordert sich im Hinblick auf diese Entwicklung zu positionieren und das Potenzial des digitalen Geschäfts zu überprüfen und bestnmöglich auszuschöpfen. Die Entscheidung, ob und in welcher Form das eigene Unternehmen die Plattformökonomie mitgestalten möchte, ist drängender denn je. Große Player wie Google oder Amazon haben bereits ganze Branchen grundlegend verändert. Auch für das produzierende Gewerbe gilt daher, das bisherige Wertschöpfungssystem und den klassischen Verkauf von Produkten zu hinterfragen, zu flexibilisieren und weiterzuentwickeln.

Das Handwerkszeug hierfür wurde im it's OWL Verbundprojekt Digibus entwickelt. Das Projekt hat die relevanten Bausteine zur Gestaltung einer unternehmensindividuellen Plattformstrategie und deren Umsetzung erforscht. Kern der Projektergebnisse ist eine Strategielandkarte, die Methoden und Vorgehensweisen bereitstellt, um den Einstieg in die Plattformökonomie zu planen. Wesentliche Bausteine sind ein Plattform-Radar sowie die aus der Praxis abgeleiteten Plattformtypen, die die unterschiedlichen Plattformen am Markt für die Unternehmen besser greifbar machen und hierdurch eine erste Orientierung bieten. Der Plattform-Quick-Check ermöglicht es, erste Stoßrichtungen hinsichtlich Aufbau oder Beitritt einer Plattform in Abhängigkeit der unternehmensindividuellen

A. Kühn (✉)
Fraunhofer Institut für Entwurfstechnik Mechatronik IEM, Paderborn, Deutschland
E-Mail: arno.kuehn@iem.fraunhofer.de

D. Beverungen et al. (Hrsg.), *Digitale Plattformen im industriellen Mittelstand,*
Intelligente Technische Systeme – Lösungen aus dem Spitzencluster it's OWL,
https://doi.org/10.1007/978-3-662-68116-9_5

Voraussetzungen zu ermitteln. Darauf aufbauend wurden Strategien und Methoden entwickelt, wie Unternehmen zu erfolgversprechenden Plattformideen gelangen, Plattformen und Smart Services konzipieren und das neue Geschäft planen und umsetzen.

Die Piloten mit ausgewählten Industriepartnern veranschaulichen in diesem Buch den praktischen Einsatz der erforschten Methoden. So hat das Unternehmen WAGO basierend auf der Analyse der eigenen Ausgangssituation verschiedene Plattformszenarien beschrieben und davon eine eigene Strategie für den erfolgreichen Einstieg in die Plattformökonomie abgeleitet. Die Operationalisierung – also die Konzipierung und Geschäftsplanung – einer konkreten Plattform, erfolgte durch *WAGO Creators*. Diese Open Innovation Plattform ermöglicht zukünftig die aktive Einbindung des Kunden in die Ideenfindung. Der zweite Pilot mit dem Unternehmen DENIOS fokussierte die Weiterentwicklung der eigenen IoT-Plattform *DENIOS connect*. Basierend auf dem im Projekt entwickelten Methodenportfolio konnten konkrete datenbasierte Smart Services konzipiert und prototypisch umgesetzt werden.

Rückblickend lässt sich sagen, dass der Charakter eines it's OWL Innovationsprojekts einen wertvollen Beitrag zur gestaltungsorientierten Erforschung des Themas digitale Plattformen leisten konnte. Die enge Zusammenarbeit zwischen Forschern und Praktikern im Sinne der Konsortialforschung gewährleistet die Praxistauglichkeit der erarbeiteten Ansätze. So können die erarbeiteten Methoden einerseits an bestehende Prozesse und Vorgehensweisen im Unternehmen andocken; andererseits erlaubt der direkte Zugang die gezielte Reflektion bisherigen Handelns und Denkens im Unternehmen. Dies ist im Kontext der Plattformökonomie mit ihren grundlegend veränderten Marktmechanismen und -prinzipien besonders spannend. Auch die Einbettung des Projekts in das it's OWL Innovationsökosystem leistet einen wertvollen Beitrag. Die it's OWL Partnerunternehmen sind in verschiedenen Branchen tätig, bilden teilweise ganze Wertschöpfungsketten ab und repräsentieren verschiedene Rollen im Wertschöpfungssystem – vom Lieferanten bis zum OEM, vom Mittelständler bis zum Konzern. Diese verschiedenen Blickwinkel sind insbesondere bei der Erforschung der Auswirkungen von digitalen Plattformen auf bestehende Wertschöpfungssysteme von besonderer Bedeutung; Erfolg in der Plattformökonomie setzt das Verständnis über Wirkmechanismen in Ökosystemen voraus.

Erfolgsrezept der it's OWL Innovationsprojekte ist ein direkter Transfer von Projektergebnissen in die mittelständisch geprägte Clustercommunity. Über die Teilnahme an diversen Veranstaltungsformaten konnte dieser Transfer schon zur Projektlaufzeit sichergestellt werden. Zudem konnte das Verbundprojekt einen wertvollen Beitrag zum wissenschaftlichen Diskurs leisten. Neben insgesamt 10 Veröffentlichungen wurden darüber hinaus insgesamt drei Dissertationsschriften zur Entwicklung von Plattformstrategien, zur Entwicklung von Smart Service-Strategien sowie zur Planung von Plattform-Geschäftsmodellen verfasst.

Digitale Plattformen als Forschungsfeld unterliegen einer hohen Dynamik. Es ist abzusehen, dass schon kurzfristig weitere Technologie- und Themenfelder neue Forschungsfragen aufwerfen. Exemplarisch sei hier die Blockchain-Technologie genannt, mit deren Hilfe jede Art von Transaktion und Information zuverlässig und transparent gespeichert werden kann. Anders als bei bisherigen Plattformkonzepten erfolgt hierbei die Verwaltung und Steuerung nicht über einen zentralen Plattform-Betreiber, sondern dezentral über Akteure, die an einem verteilten Plattformnetzwerk teilnehmen. Dieser Ansatz könnte das Vertrauen in das Plattformökosystem steigern und bietet das Potential die ökonomischen Interessen verschiedener Akteure durch sichere Transaktionen in Einklang zu bringen. Es drängt sich die Frage auf, ob und wie der Blockchain-Ansatz die eher zentralistisch gedachten Plattform-Geschäftsmodelle verändern wird? Wir dürfen also gespannt sein, welche weiteren Entwicklungen hier noch folgen. Eins scheint jedenfalls sicher zu sein: die einzige Konstante im digitalen Plattformgeschäft ist der Wandel…

Printed in the United States
by Baker & Taylor Publisher Services